煤矿全员素质提升丛书

矿山自救互救实用技术

贺美宣　光辛亥　主编

应 急 管 理 出 版 社

· 北　京 ·

图书在版编目（CIP）数据

矿山自救互救实用技术 / 贺美宣，光辛亥主编．北京：应急管理出版社，2025. --（煤矿全员素质提升丛书）. -- ISBN 978-7-5237-1148-4

Ⅰ. TD77

中国国家版本馆 CIP 数据核字第 2025W3Y569 号

矿山自救互救实用技术（煤矿全员素质提升丛书）

主　　编　贺美宣　光辛亥
责任编辑　成联君　尹燕华
责任校对　赵　盼
封面设计　解雅欣

出版发行　应急管理出版社（北京市朝阳区芍药居 35 号　100029）
电　　话　010－84657898（总编室）　010－84657880（读者服务部）
网　　址　www. cciph. com. cn
印　　刷　北京尚丞印刷科技有限公司
经　　销　全国新华书店

开　　本　710mm×1000mm $^1/_{16}$　**印张**　$8^3/_4$　**字数**　107 千字
版　　次　2025 年 4 月第 1 版　2025 年 4 月第 1 次印刷
社内编号　20241433　　**定价**　68.00 元

编 委 会

前　言

安全生产事关人民福祉，事关经济社会发展大局。党的十八大以来，以习近平同志为核心的党中央高度重视安全生产工作，始终坚持人民至上、生命至上，把安全生产放在重要位置。灾害事故发生后，习近平总书记要求迅速组织救援力量，全力搜救失联人员，同时要求加强监测预警，完善应急预案，防范发生次生灾害，尽最大努力减少人员伤亡，切实维护人民群众的生命财产安全。

矿山行业作为重要的基础产业，其安全生产不容忽视。在矿山开采过程中，由于地质条件复杂、作业环境恶劣等因素，很可能发生水、火、瓦斯、冲击地压、煤尘、顶板等突发性灾害事故，危害矿工的生命安全。大量事实表明，矿井发生灾害事故时，在事故现场积极且正确地开展自救互救，就能最大限度地减少人员伤亡和财产损失，为进一步救援和救治赢得时间。

本书针对矿山常见的灾害事故类型，结合有关案例，介绍了自救互救基础知识、井下避险系统及装备的使用、实用的医疗急救技术，特别是结合矿山灾害类型，分析了各类矿山灾害事故发生的征兆和特征，强调了重点部位的自救互救要求，提出了各类灾害事故的自救互救方法，以帮助矿山从业者在面临突发灾害事故时能够冷静应对，有效自救与互救。本书内容紧密结合矿山实际，具有较强的实用性和可操作性，可作为矿山企业开展安全教育培训的教材，供广大矿工日常学习和查阅，也可为安全管理人员、安全监管人员业务学习提供借鉴和参考。

本书在编写过程中，参考了有关单位和专家学者的研究成果，并得到了应急救援一线指挥员和专家的指导，在此向他们致以最诚挚的谢意！希望本书成为矿山从业者的得力助手，从书中了解并掌握自救互救要领，提高自救互救能力，提升矿山安全生产水平。

由于编者水平有限，加上时间较短，书中难免存在疏漏或不妥之处，敬请读者批评指正。

编　者

二〇二四年十二月

目　录

第一章　矿山自救互救基础知识

矿山自救互救是矿山发生灾变时，现场从业人员安全避灾以及协助其他作业人员安全避险的方法，是矿井安全生产的重要组成部分。本章主要介绍矿山自救互救的基础知识，便于矿山从业人员了解自救互救的基本原则及程序，指导自救互救工作正常开展。

一、矿山自救互救的概念

矿山自救即矿山企业发生灾害事故时，在灾区或受灾变影响区域的现场从业人员避灾和保护自己而采取的措施及方法。

矿山互救即在有效实施自救的前提下为妥善救援他人而采取的措施及方法。

二、自救互救的程序

1.及时报告

灾害事故发生后，在事故地点及附近的人员应利用电话或派出人员，迅速将事故的性质、发生地点、时间、原因及危害程度向矿调度室汇报。汇报灾情时，要将看到的异常现象、听到的异常声响、感觉到的异常冲击等如实汇报，并讲清自己所在位置及所见异常现象传播的方向，不能凭主观想象判定事故性质。同时，灾区人员要根据事故的性质和蔓延趋势，以最迅速有效的方式，向可能受威胁的人员发出警报。

2. 准判灾情

（1）事故地点及附近的工作人员在保证自身安全的情况下，通过直观感觉和经验，仔细观察分析事故造成的各种异常变化和迹象，如温度、烟雾、风流状况、空气成分、涌水、支护等，分析判断事故的性质、原因及灾害严重程度。

（2）对灾害可能波及的范围和危害程度作出判断。

（3）根据事故的地点、性质，结合巷道布置、通风系统、人员分布等情况，分析判断有无诱发和衍生其他灾害的可能性。

（4）了解、掌握自己所在地点人员伤亡情况，判断现场有无进行抢救的便利条件及方法。

（5）分析判断自己所在地点的安全条件，为抢险救灾和安全避险提供依据。

3. 积极抢救

（1）根据现场灾情和条件，从业人员要在保证自身安全的前提下，及时进行抢救，将事故消灭在初期阶段或控制在最小范围，严禁盲目蛮干和惊慌失措，贻误消除灾害的有利时机。

（2）保证自身安全的前提下，利用现场的设备材料全力抢险，要统一行动，严禁各行其是。

（3）当灾害严重，且短时间内难以消除的，应尽最大努力将事故控制在最低限度，防止灾情扩大。

（4）注意自身安全，采取保障抢救人员安全的措施。如果灾区条件恶化，威胁现场人员安全，有中毒、窒息、爆炸、二次突水、突出等现象，应及时撤离，防止事故扩大。

4. 安全撤离

当灾害事故发展迅猛，灾区条件急剧恶化，无法进行现场抢救，且可能危及人员安全或接到上级撤退命令时，从业人员应立即有组织地撤离灾区。现场带班人员、班组长等在遇到险情时有权在第一时间下达停工撤人指令。

（1）撤离时要沉着冷静，保持头脑清醒、临危不乱。同时要树立坚定的信心，在各个环节上做好充分准备，谨慎妥善地行动。

（2）有经验的老工人和党员干部要发挥带头作用，所有人员要听从指挥、统一行动，严禁盲目蛮干。

（3）遇险人员要发扬团结互助的精神，互相照顾、同心协力到达安全地点。

（4）加强安全防护。当灾区内有毒有害气体含量增高，危及人员生命安全时，遇险人员必须使用必备的防护用品和器具，佩用自救器，安全有序退出灾区。行动中需注意溜煤眼、积水区、冒落区等危险地段。

（5）选择正确的撤离避灾路线。根据《矿井灾害事故预防和处理计划》的要求和灾变后的实际情况，尽量选择安全条件好、距离短的避灾路线，切忌图省事或怀着侥幸心理冒险行动，也不能犹豫不决而贻误时机。

5. 妥善避灾

因通道堵塞、有毒有害气体含量高、能见度低、自救器有效工作时间内不能到达安全地点等原因，无法安全撤离灾区时，遇险人员应妥善进行避灾自救。

（1）选择安全的避灾地点。应迅速进入预先构筑的避难硐室或其他安全地点暂时躲避，等待救援。利用现场的设施、材料如防护板、支架、临时风障等构筑临时避难所。如遇火灾、瓦斯爆炸事故，应尽量选择位置低的避难点，并用湿毛巾捂口鼻俯卧于底板。

（2）保持良好的心理状态、稳定的情绪，树立坚定的获救脱险信念，特别是遇险时间较长时，千万不可悲观失望和过分忧虑，更不得急躁盲动、冒险乱闯。

（3）加强避灾地点的安全防护，改善避难地点的生存条件。避灾时，要密切注意事故的发展和所在地点的变化情况，必要时加强避难地点的安全防护（如支护、临时风障、压风管等），特别在有毒有害气体浓度超限时，必须使用自救器和其他防护器材及设施。发现避灾地点条件恶化危及避灾人员安全时，应立即转移、寻找安全地点，转移时要沿途设置明显标记，以便救援人员跟踪寻找和救援。如果受条件限制无法转移时，要因地制宜采取措施，改善生存条件和环境，尽最大可能延长生存时间。

（4）及时开展自救互救。一是事故地点有毒有害气体浓度增高，可能危及人员生命安全时，必须及时正确佩用自救器，并制止不佩用自救器的人员进入灾区或通过窒息区撤离。二是如现场有伤员，尽可能组织人员进行抢救，利用所学急救知识，及时进行止血、包扎、心肺复苏等应急措施。三是在灾区避难待救时，遇险人员要互助互爱，食物和饮用水使用要节制，精心照料伤员，共渡难关，直至安全脱险。

（5）积极与救援人员取得联系。在避难硐室或所在地点附近采取遗留物品、涂写或设置标记等手段为救援人员提供标识。在避灾地点采用呼喊、敲击管路或巷道的帮、顶等发出求救信号。同时，寻找一切可以与外界联系的通信方式，尽快与救援人员取得联系。

（6）积极配合救援人员安全脱险。当听到救援人员或发现救援人员营救时，不要慌乱和过分激动。脱险时，要有秩序撤离，注意自身和他人的安全，以免拥挤慌张，造成不必要的伤害。在灾区避灾时间较长的，要避免剧烈活动及强光刺激。升井后忌暴饮暴食，要遵医嘱或听从救援人员的安排，以免发生意外伤害。

6. 加强组织

抢险救灾实践证明，事故现场负责人（跟班领导、区队长、班组长，包括有经验的老工人、瓦斯检查员等）若能正确组织遇险人员自救互救，对减少灾害损失会起到不可估量的作用。因此，事故发生后，事故现场负责人应勇于担当、敢于负责，主动肩负起组织现场自救互救的重任，要做到：

（1）沉着冷静。要保持头脑清醒、临危不乱，遵循救灾和避灾原则，带领大家在各环节上做到充分准备，安全妥善行动。

（2）随机应变。在组织抢救、撤离灾区和避灾待救时，要密切注意灾情变化，当可能出现危及人员安全的情况时，要果断采取应变措施，避免人员伤亡，切忌图省事或存在侥幸心理冒险行动。

（3）及时联络。要想方设法及时与矿调度取得联系，告知灾情、遇险位置、人数等情况，争取早日获救。

（4）以身作则。现场负责人要以身作则，及时做好遇险人员的思想工作，并指导遇险人员坚定信念、稳定情绪、团结互助、共渡难关，不悲观、不泄气、不急躁、不盲动。

第二章　矿山自救互救设备及设施

当矿井发生灾害事故，现场人员在危及生命安全，不能逃生的情况下，通过熟练使用矿山自救互救设备及设施，可在第一时间自救互救、逃生和避险待救，有效保障被困人员的生命安全，减轻事故损失并为应急救援创造条件。本章主要介绍矿井中常用的自救互救设备及设施，便于大家掌握应用。

第一节　自救器

自救器是最基本、最重要的自救设备，其体积小、质量轻、携带和使用方便，是作用时间较短的个人防护类救护仪器。《煤矿安全规程》规定，入井人员必须随身携带额定防护时间不低于30 min的隔绝式自救器。矿井应当根据自救器的有效防护时间，在避灾路线上设置自救器补给站，补给站应当有清晰、醒目的标识。当矿井发生煤与瓦斯突出、爆炸、火灾或冒落堵塞等灾害事故，造成环境中缺氧或出现有毒、有害气体危及矿工生命时，及时佩用自救器能够使被困矿工自救逃生。自救器按其工作原理分为过滤式自救器和隔绝式自救器。2011年1月27日，国家安全生产监督管理总局、国家煤矿安全监察局发布了《禁止井工煤矿使用的设备及工艺目录（第三批）》，要求禁止使用过滤式自救器，故其使用方法不再作介绍。

一、化学氧隔绝式自救器

化学氧隔绝式自救器能够使佩用人员的呼吸系统与外界隔绝，当人体呼出的二氧化碳和水汽与自救器生氧药罐内的生氧药剂发生化学反应时，就会生成氧气，以供给人员呼吸，可以防止外界各种有毒有害气体进入人体。

1. 主要技术参数

（1）额定防护时间分为：30 min、45 min、60 min、90 min。

（2）静坐防护时间：为相对应额定防护时间的3倍及以上。

（3）化学氧自救器生氧剂应使用片状生氧剂，有效氧≥26%。

（4）呼气阀和吸气阀的通气阻力：＜50 Pa，保证呼吸阀片动作可靠。

（5）排气阀开启压力：150～300 Pa。

（6）吸气温度：＜60℃。

（7）呼吸系统气密性：经负压气密性试验，30 s内压力计变化值＜100 Pa。

（8）外壳气密性：15 s内压力计下降值＜80 Pa。

（9）初期生氧量：30 s≥2 L，60 s≥4 L。

（10）贮气袋有效容积：≥5 L。

（11）使用环境温度：-5～50℃。

2. 构造

化学氧隔绝式自救器由外壳、生氧药罐、气囊、呼吸导管、排气阀、降温盒、启动装置、附件等组成。

3. 操作使用方法

按照以下操作方法，在30 s内完成佩用操作，迅速撤离灾区。

（1）佩带位置：将专用腰带穿入自救器，固定在背部右侧腰间。

（2）开启扳手：使用时先将自救器沿腰带转到右侧腹前，左手托底，右手下拉护罩胶片，使护罩挂钩脱离壳体并扔掉，再用右手掰锁口带扳手，至封印条断开后，丢开锁口带。

（3）去掉上外壳：左手抓住下外壳，右手将上外壳用力拔下扔掉。

（4）套上挎带：将挎带组套在脖子上。

（5）提起口具并立即戴好：拔出启动针，使气囊逐渐鼓起，立即拔掉口具塞，快速将口具塞入口中，口具片置于唇齿之间，牙齿紧紧咬住牙垫，紧闭嘴唇。

（6）夹好鼻夹：两手同时抓住两个鼻夹垫的圆柱形把柄，将弹簧拉开，憋住一口气，使鼻夹垫准确地夹住鼻子。

（7）调整挎带：如果挎带过长，可以拉动挎带上的大圆环，使挎带缩短，长度适宜后，系在小圆环上。

（8）退出灾区：上述操作完成后，开始退离灾区。途中感到吸气不足时不要惊慌，应放慢脚步，做深呼吸，待气量充足时再匀速行走。

4. 注意事项

（1）不准随意打开自救器上壳，如自救器外壳意外开启或破损，应立即更换。

（2）发现事故征兆，立即佩用自救器，马上撤离现场。

（3）佩用自救器撤离灾区时，要冷静、沉着，最好匀速行走。

（4）佩用自救器撤离灾区时，要含好口具、夹紧鼻夹、行动谨慎，防止碰撞掉落鼻夹和口具；严禁摘掉或通过口具说话。

（5）自救器正常工作时，仪器内的气体较干热、略带咸味，属于正常现象，千万不可取下自救器。

（6）在佩用过程中，若启动装置失灵，需向气囊深吹一口气，方可正常使用；如呼气时气囊瘪而不鼓，逐渐变小，表明自救器即将停止工作。

（7）严禁佩用过期和已使用过的自救器。

二、压缩氧隔绝式自救器

压缩氧隔绝式自救器以压缩氧作为气源，使人体呼吸系统与外界隔绝，可以防止外界各种有毒有害气体进入人体，能满足遇险人员逃生时使用，具有体积小、重量轻、携带方便，性能更加可靠、稳定的优点。主要用于煤矿井下发生瓦斯、火灾、爆炸等灾害事故时，现场人员迅速佩用自救逃生使用，还可用于矿山应急救援员呼吸器发生故障时，佩用迅速撤离灾区使用。

1. 主要技术参数

（1）额定防护时间分为：30 min、45 min、60 min、90 min、120 min。

（2）静坐防护时间：为相对应额定防护时间的3倍及以上。

（3）氧气瓶充填压力：20 MPa。

（4）呼气阀和吸气阀的通气阻力：＜50 Pa，保证呼吸阀片动作可靠。

（5）排气阀开启压力：150～300 Pa。

（6）自动补气阀开启压力：-100～400 Pa。

（7）安全阀开启压力：≤1 MPa。

（8）吸气温度：＜60℃。

（9）呼吸系统正、负压气密性：1 min内压力计变化值不应大于50 Pa。

（10）定量供氧量：当氧气瓶压力为20～3 MPa时，35 L/min呼吸量时定量供氧量不应小于2.1 L/min，10 L/min呼吸量时定量供氧量不应小于0.5 L/min。

（11）自动补给供氧量：当氧气瓶压力为20～5 MPa时，供氧量不应小于65 L/min。

（12）手动补给供氧量：当氧气瓶压力为20～5 MPa时，供氧量不应小于65 L/min。

（13）贮气袋有效容积：≥5 L。

（14）二氧化碳吸收剂吸收率：不小于35%；采用氢氧化钙作为二氧化碳吸收剂时，至少6个月更换一次。

（15）使用环境温度：-5～50℃。

2. 构造

压缩氧隔绝式自救器主要由减压器、压力表、氧气瓶、气囊、排气阀、自动补气阀、手动补气阀、口具、鼻夹、排气阀、安全阀、清净罐、外壳等组成。

3. 操作使用方法

按照以下操作方法，在30 s内完成佩用操作，迅速撤离灾区。

（1）将佩用好的自救器移到身体的正前方（图2-1）。

图2-1　操作步骤一

（2）拉开自救器两侧的塑料挂钩并取下上盖（图2-2）。

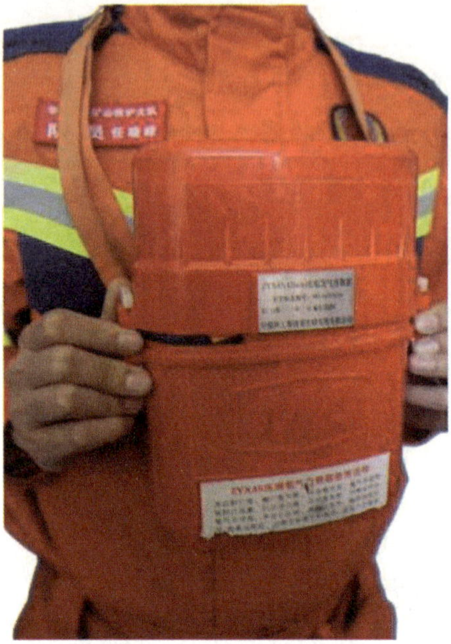

图2-2　操作步骤二

（3）展开气囊，注意气囊不要扭折（图2-3）。

图2-3　操作步骤三

（4）把口具放入口中，口具片应放在唇和下齿之间，牙齿紧紧咬住牙垫，紧闭嘴唇，使之具有可靠的气密性（图2-4）。

图2-4　操作步骤四

（5）逆时针转动氧气瓶开关，打开氧气瓶（必须完全打开），然后用手指按动补气压板，使气囊迅速鼓起（图2-5）。

图2-5　操作步骤五

（6）把鼻夹弹簧掰开，将鼻垫准确地夹住鼻孔，用嘴呼吸。使用时如果看见气囊在呼完气后仍不太鼓或吸气有憋气感时，应及时用手指按动补气压板向气囊补气，直到气囊鼓起；也可用力吸气，气囊吸瘪后，补气压板压迫补气杆，也会自动补气（图2-6）。

图2-6　操作步骤六

（7）撤离灾区（图2-7）。

图2-7　操作步骤七

4. 注意事项

（1）携带自救器下井前，应观察压力表的指示值不得低于18 MPa。使用过程中随时观看压力表，及时掌握耗氧情况和确定撤出灾区的时间。

（2）防止撞击、磕碰或跌落，使用中防止利器刮破气囊。

（3）在灾区使用时，严禁通过口具或摘掉口具讲话，在未到达安全地点时严禁摘掉口具。

（4）使用时要保持沉着冷静，在呼气和吸气时要慢而深，如在使用后期，清净罐的温度会上升属正常现象。

（5）在未达到安全地点时严禁摘下自救器。

第二节　安全避险系统

为提升煤矿安全保障能力，2010年7月，国务院下发了《关于进一步加强企业安全生产工作的通知》（国发〔2010〕23号），明确要求煤矿要安装监测监控系统、井下人员定位系统、紧急避险系统、压风自救系统、供水施救系统和通信联络系统等安全避险“六大系统”，各系统单独作用又相互联系。当矿井发生紧急突发情况时，安全避险系统能为遇险人员第一时间提供保障生命的设施、设备、措施，可有效保证人员安全避险，更好实现井下人员自救互救、逃生、避险等功能。

一、安全监测监控系统

安全监测监控系统指的是对煤矿井下有毒有害气体、通风系统及通风设施运行状态等实施动态监控并实现非正常情况下报警功能的系统，可以在紧急情况下及时断电撤人，指导人员安全逃生，是煤矿安全管理的基础，并且是应急救援决策、调度和指挥的依据。

1. 系统组成

安全监测监控系统一般由传感器、执行机构、分站、电源箱、主站、主机、显示器、系统软件、服务器、打印机、大屏幕、UPS电源、远程终端、网络接口、电缆和接线盒等组成。

2. 主要作用

安全监测监控系统可对矿井瓦斯及通风、瓦斯抽采（放）系统、火灾等实时监控；实现煤与瓦斯突出和矿山压力监测与预警。

3. 应用步骤及重点

（1）安全监测监控仪器仪表安装或移动到规定地点后要及时调整零点与灵敏度。

（2）调试甲烷浓度、风速、风压、一氧化碳、温度、粉尘、风机开停、风筒状态、风门开关、风向、烟雾等开关量采集、显示及报警点、断电点、复电点。

（3）试验与应急广播、通信、人员位置监测等系统应急联动功能。

（4）安全监测员必须24 h值班，认真观察安全监测监控仪器及仪表显示的数据与状态，发现异常要及时报告并排除，不能排除隐患时，迅速组织现场人员沿避灾路线撤至安全地点或避险硐室。

（5）每班将记录和检查结果报监测值班员。当读数误差大于允许误差时，先以读数较大者为依据，采取安全措施，并必须在8h内对设备进行调校完毕。

二、井下人员定位系统

人员定位系统是对入井人员实施动态管理，准确掌握各个区域作业人员的分布情况，为加强人员安全管理、人员安全避险、应急救援和应急指挥创造条件。

1. 系统组成

人员位置监测系统由识别卡、位置监测分站、电源箱、传输接口、主机、显示器、系统软件、服务器、打印机、电视墙或投影、UPS电源、远程终端、网络接口、电缆和接线盒等组成。

2. 主要作用

（1）人员出入井、出入重点区域、出入限制区域等实时监测功能。

（2）人员下井总数及出入井时间、卡号、姓名、身份证号、出生年月、职务或工种、所在区队班组、主要工作地点、活动路线、工作时间等显示、打印、查询、异常报警等功能。

（3）具有人机对话、超时报警、汉字显示和提示功能。

3. 应用步骤及重点

（1）当矿井发生安全生产事故时，及时掌握入井人员总数、分布区域、人员的基本情况、测定被困人员的位置，便于搜救。

（2）调度室可以及时发现误入危险区域人员，通过系统通知携卡人员撤离危险区域，指导被困人员逃生，同时携卡人员按下紧急按钮可及时向调度室报告险情。

（3）及时发现未按时升井人员，以便采取措施，防止发生意外。

（4）掌握特种作业人员是否按规定的时间和线路巡检。

三、紧急避险系统

紧急避险系统是安全避险“六大系统”的核心。紧急避险系统是在井下发生突发紧急情况时，在逃生路径被阻和逃生不能的情况下，为无法及时撤离的遇险人员提供一个安全的密闭空间，对外能够抵御高温烟气，隔绝有毒有害气体；对内能为遇险人员提供氧气、食物、水，过滤有毒有害气体，创造人员生存的基本条件；为应急救援创造条件，赢得时间。

1. 基本组成

（1）紧急避险系统包括：应急逃生及紧急避险两部分内容。

（2）应急逃生系统的基本组成包括：自救器、矿灯、通信设备等个体防护设备，及应急广播、避灾路线、自救器补给站、避灾指示系统等。

（3）紧急避险系统基本组成包括：自救器、紧急避险设施、避灾路线、应急预案、培训与应急演练、管理体系与制度等。

（4）紧急避险设施主要有避难硐室和可移动式救生舱。

（5）避难硐室根据服务年限，可分为永久避难硐室和临时避难硐室。

2. 主要作用

从业人员要熟悉避难硐室和可移动式救生舱的位置，可以在灾变发生时迅速到达就近的避难硐室或可移动式救生舱自救，为等待后续营救争取时间。

（1）能在一定时间内提供维持生命所必需的氧气、水、食物。

（2）内部设备能够监测系统内外环境状况，并能依靠通信设备进行井上井下信息的双向传递。

（3）在无任何外界支持的情况下具备安全防护、氧气供给保障、有害气体去除、环境监测、通信、照明、人员生存保障等功能。

3. 应用步骤及重点

（1）进入避难硐室前，应在硐室外留有衣物、矿灯等明显标志，以便救援人员寻找。

（2）进入避难硐室，旋转第一道防爆门的紧锁手柄，打开第一道防爆密闭门，进入过渡室。这时空气幕将自动打开，阻隔有毒有害气体的进入（注意：应有序进入，由第一道防爆密闭门进入过渡室后要继续佩用自救器）。

（3）进入过渡室以后，旋转第一道防爆密闭门内侧的紧锁手柄，关闭防爆密闭门，同时空气幕关闭。

（4）打开过渡室内的喷淋系统，冲洗人员携带的有毒有害气体，当过渡室内CO等有毒有害气体符合规定后，方可打开第二道密闭门进入生存室。

（5）进入生存室后关闭第二道密闭门并旋转手柄使其紧锁，方可摘下自救器。

（6）及早利用生存室内部的各种通信联络、监测监控设备及时与地面调度取得联系，汇报情况，并随时保持联系。避险时应保持安静，避免不必要的体力和氧气消耗，以延长待救时间。

（7）硐室内只留一盏矿灯照明，其余矿灯全部关闭，以备再次撤退时使用。

四、压风自救系统

压风自救系统是利用矿井已装备的压风系统构建的一种避灾设施，可在井下突发紧急情况时为遇险人员供应充足的氧气，为逃生、避险创造支撑条件。

1. 系统组成

压风自救系统一般由地面空气压缩机系统、输气管路和终端压风自救用气装置组成。压风自救装置由管道、开闭阀、连接管、减压组及防护套（呼吸面罩）5部分组成。

2. 主要作用

（1）当井下发生煤与瓦斯突出、火灾等事故，瓦斯等有毒有害气体浓度升高，自救器失效或人员来不及使用自救器，无法逃离灾区时，进行避灾自救。

（2）发生冒顶堵塞巷道，风筒被埋压，冒顶区以内无风时自救使用。

（3）自救器发生故障、佩用自救器撤出途中不能安全到达避难硐室或新鲜风流时，利用压风自救系统进行自救，等待救援。

（4）避难硐室、移动救生舱内人员避险时的救援用气。

3.应用步骤及重点

（1）拉开插销，打开压风自救箱体门。

（2）打开进气阀，观察压力指示。

（3）拿出呼吸面罩，戴在口鼻上，进行呼吸。

（4）将调压阀旋钮向上拉，左右调节压风流量感到呼吸舒适为准，调节好后，再复位。

五、供水施救系统

矿井发生火灾时，能起到消防灭火作用，并能向被困区域人员输送饮用水和营养液等基础生命支持。

1.系统组成

主要由水处理系统、输送管道、营养液入口、阀门、净化过滤装置、井下饮水装置等组成。

2.主要作用

（1）有效遏制重特大事故和降低矿井瓦斯、煤尘、火灾事故危害程度。

（2）能在紧急情况下为避险人员供水、输送营养液提供条件。

3.应用步骤及重点

（1）拉开插销，把门打开。

（2）打开出水阀，手持出水软管头。

（3）对准出水口，直接可以饮用干净的水。

（4）定期检查开关是否灵活，供水管路是否出现跑、冒、滴、漏等现象。

（5）定期排放水，保持饮水质量。

六、通信联络系统

保障井上下各个作业地点通信畅通，为人员安全逃生、安全避险提供快速准确的信息服务，是防灾抗灾、应急救援快速反应和应急指挥的重要设施。

1. 系统组成

通信系统包括矿用调度通信系统、矿井广播通信系统、矿井移动通信系统、矿井救灾通信系统。

（1）矿用调度通信系统一般由矿用本质安全型防爆调度电话、矿用程控调度交换机、调度台、电源、电缆等组成。

（2）矿井广播通信系统一般由地面广播录音及控制设备、井下防爆广播设备、防爆显示屏、电缆、备用电源等组成。

（3）矿井移动通信系统一般由矿用本质安全型防爆手机、矿用防爆基站、系统控制器、调度台、电源、电缆（或光缆）等组成。

（4）矿井救灾通信系统一般由移动台、基站（含话机）、基站电源、地面基地通信终端、电缆、接线盒、避雷器、软件和其他必要设备组成。

2. 主要作用

（1）井下人员可通过通信系统汇报安全生产隐患、事故情况、人员情况、请求救援等。

（2）调度室可通过通信系统通知井下作业人员撤人和告知逃生路线等。

（3）日常生产调度通信联络和灾后救援指挥等。

3. 应用步骤及重点

（1）当发现险情时，要第一时间使用通信系统通知作业人员撤离和向调度汇报。

（2）紧急避险设施内、井下主要水泵房、井下中央变电所和突出煤层采掘工作面、爆破时撤离人员集中地点等，必须设有直通矿井调度室的电话。

（3）主副井绞车房、井底车场、运输调度室、采区变电所、水泵房等主要机电设备硐室以及采掘工作面和采区、水平最高点等安设电话。

（4）距掘进工作面30～50 m范围内安设电话。

（5）距采煤工作面两端10～20 m范围内分别安设电话。

（6）采掘工作面的巷道长度大于1000 m时，在巷道中部安设电话。

（7）井下基站、基站电源、电话、广播音箱应设置在便于观察、调试、检验和围岩稳定、支护良好、无淋水、无杂物的地点。

第三章　矿山灾害事故现场医疗急救技术

矿山灾害事故现场医疗急救技术是指一个人受到伤害时对其进行及时的救护。矿山灾害事故发生后，如果不能第一时间对受伤人员进行救援，可能造成不可逆的损害甚至死亡。本章主要介绍几种常用的现场急救技术，能够在灾害事故发生时最大限度减少伤害，挽救生命。

第一节　心肺复苏技术

心肺复苏是针对呼吸心搏骤停的伤病员所采取的急救措施。通过胸外按压和人工呼吸为心脏和大脑等重要器官提供含氧血液，以维持基本的血液循环和氧气供应，避免其因缺氧而发生不可逆的损伤甚至死亡。心肺复苏的操作步骤为：

事发现场安全判定。判定事发现场安全，配备个人防护装备后开始施救（图3–1）。

图3–1　事发现场安全判定

伤员反应判断。快速判断伤员反应，确定意识状态，判断有无呼吸或呼吸异常（如仅仅为喘息），在5～10 s内完成。方法：轻拍或摇动伤员，并大声呼叫："您怎么了？"（图3-2）。

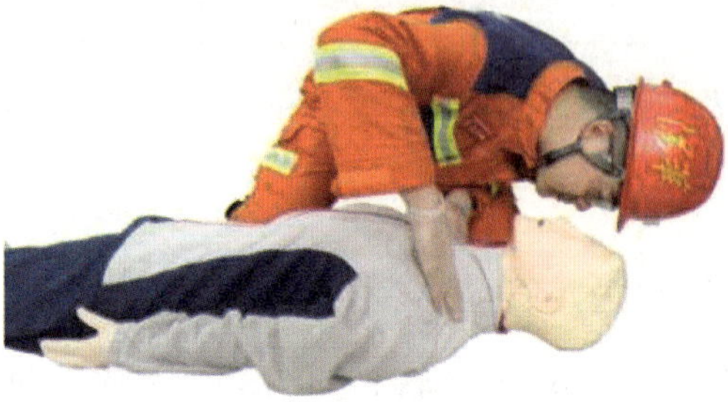

图3-2　伤员反应判断

如果伤员有头颈部创伤或怀疑有颈部损伤，必要时才能移动伤员，对有脊椎损伤的伤员不要随意搬动。如果伤员无意识，应立即检查伤员有无呼吸。如果伤员呈俯卧位，应先将其翻转为仰卧位再检查呼吸，保持伤员呼吸道通畅。判断时采用"看、听、感觉"的方法，检查时间5～10 s。**看：**伤员胸部或上腹部是否有呼吸起伏；**听：**伤员口鼻有无出气声；**感觉：**施救者面颊部有无气息吹拂感。

呼救及寻求帮助。一旦确定伤员已昏迷，应立即呼救，招呼最近的响应者，注意切不可离开患者去呼救（图3-3）。

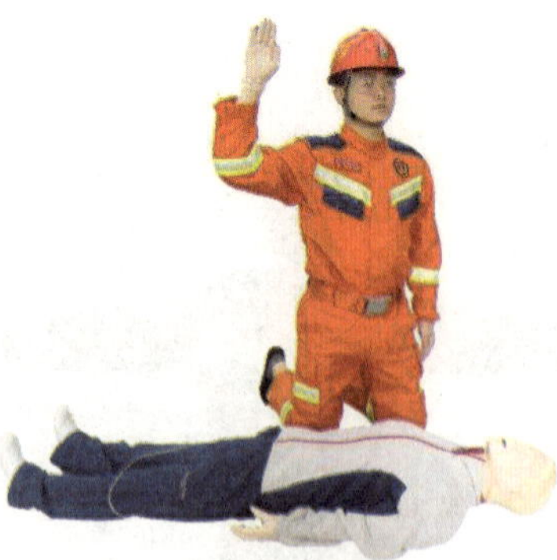

图3-3　呼救及寻求帮助

伤员体位放置。将伤员仰卧于坚实平面，使头、颈、躯干无扭曲。翻动伤员时务必使头、肩、躯干、臀部同时整体转动，防止扭曲。翻动时尤其注意保护颈部，单人施救时一手托住其颈部，另一手扶其肩部，使伤员平稳地转动为仰卧位。施救者跪于伤员肩旁，将伤员近侧的手臂直举过头，拉直其双腿或使膝略呈屈曲状（图3-4）。

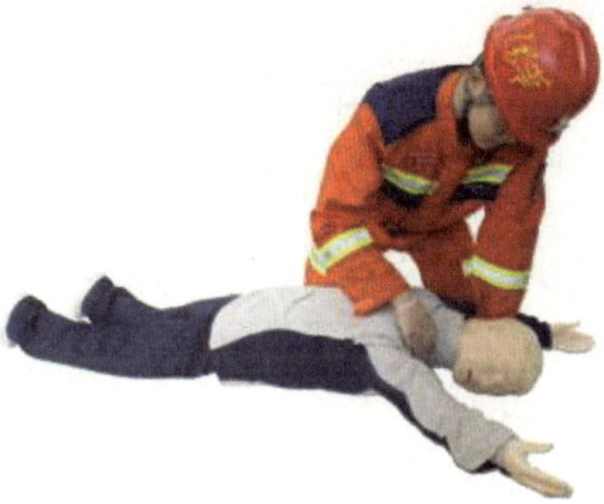

(a)

(b)

图3-4　伤员体位放置

动脉搏动判断。用一手的食指、中指轻置伤员喉结处，然后滑向同侧气管旁软组织处（相当于气管和胸锁乳突肌之间）触摸颈动脉搏动（图3-5）。该过程应在5～10 s内完成。

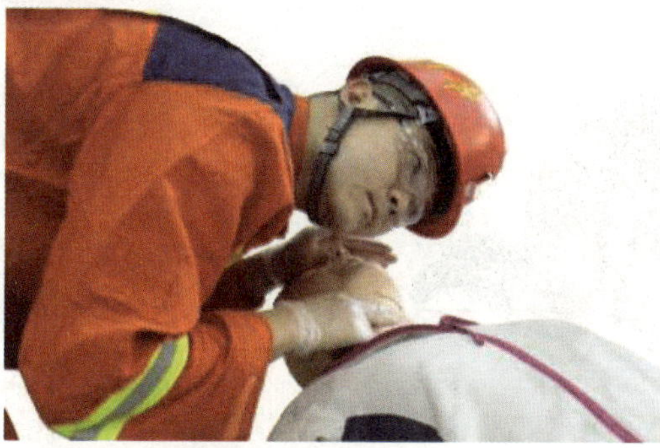

图3-5　动脉搏动判断

胸外心脏按压。胸外心脏按压要求如下：

（1）定位。施救者用靠近伤员下肢手的食指、中指并拢，指尖沿其肋弓处向上滑动（定位手），中指端置于肋弓与胸骨剑突交界即切迹处，食指在其上方与中指并排。另一只手掌根紧贴于定位手食指的上方固定不动；再将定位手放开，用其掌根重叠放于已固定手的手背上，两手扣在一起，固定手的手指抬起，脱离胸壁（图3-6）。

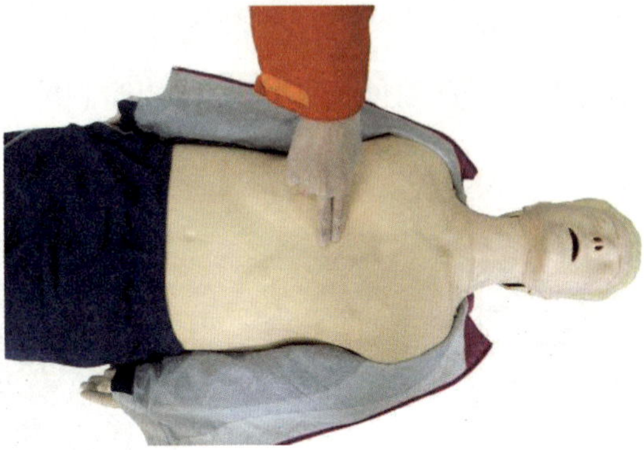

图3-6　胸外心脏按压定位

（2）姿势。施救者双臂伸直，肘关节固定不动，双肩在伤员胸骨正上方，用腰部的力量垂直向下用力按压（图3-7）。

（3）频率：100～120次/min。深度：成人50～60 mm。下压与放松时间比为1∶1。

(a)　(b)

图3-7　胸外心脏按压姿势

呼吸道畅通。呼吸道畅通方法如下：

（1）仰头举颏法（或仰头举颌法）。施救者一只手的小鱼际肌放置于伤员的前额，用力往下压，使其头后仰，另一只手的食指、中指放在下颌骨下方，将颏部向上抬起（图3-8）。

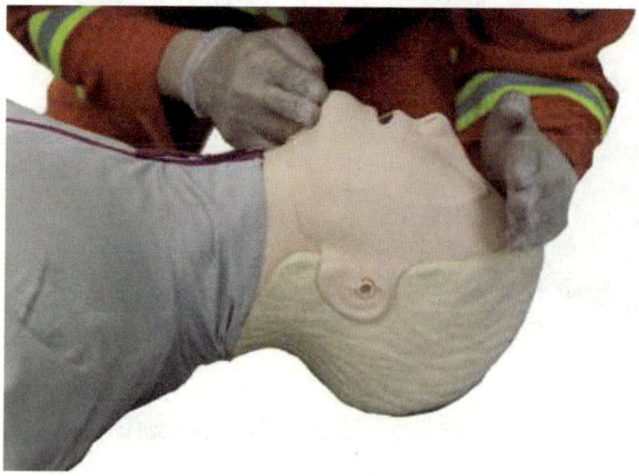

图3-8　呼吸道畅通之仰头举颏法

（2）下颌前移法（托颌法）。施救者位于伤员头侧，双肘支持在伤员仰卧平面上，双手紧推双下颌角，下颌前移，拇指牵引下唇，使口微张（图3-9）。

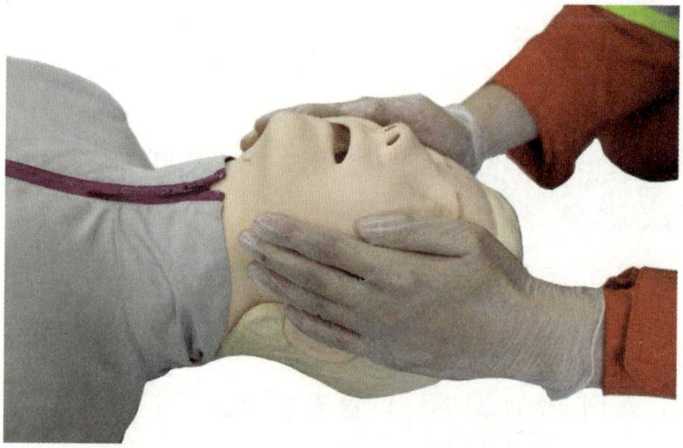

图3-9　呼吸道畅通之下颌前移法

（3）仰头抬颈法。施救者跪于伤员头侧，一只手置于伤员前额使其头后仰，另一只手放在颈后，托起颈部。注意不要过度伸展颈椎。有假牙须取出，以防松动的牙托堵塞呼吸道（图3-10）。

气道清理。开放气道，查看口腔内有无异物，若有异物，应先清除（有假牙须取出，以防松动的牙托堵塞呼吸道）（图3-11）。

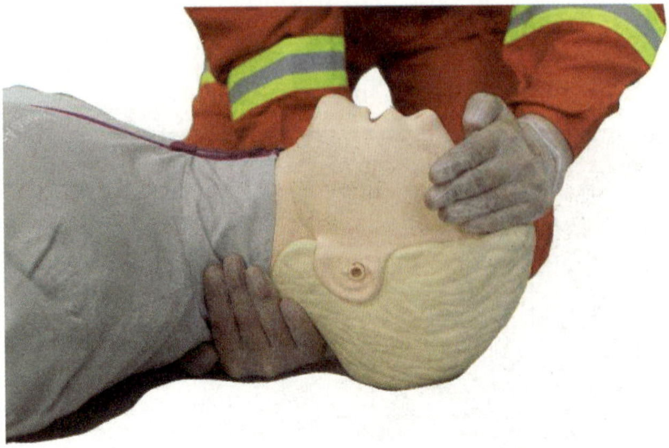

图3-10　呼吸道畅通之仰头抬颈法

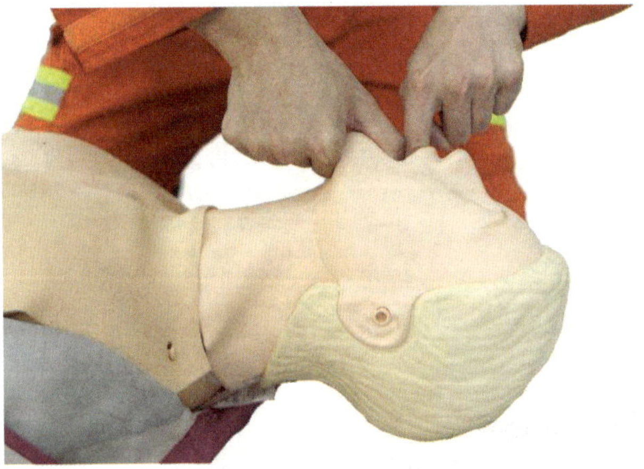

图3-11　气道清理

人工呼吸。如果最初有颈动脉搏动而无呼吸或经CPR急救后出现颈动脉搏动而仍无呼吸，则应开始进行人工呼吸。人工呼吸是指在自然呼吸停止、不规则或不充分时，强迫空气进出肺部的一种方法。人工呼吸的频率应为10～12次/min。常用的人工呼吸方法：

(1) 口对口人工呼吸。实施口对口人工呼吸时，要确保伤员气道开放通畅。施救者用手捏住伤员鼻孔，防止漏气，用口把伤员口部完全罩住，呈密封状，缓慢吹气，每次吹气应持续约1 s。对于未建立人工气道的成人，推荐500～600 mL潮气量（图3-12）。

图3-12　口对口人工呼吸

（2）口对鼻人工呼吸。适用于那些不能进行口对口呼吸的伤员，如牙关紧闭不能开口、口唇创伤等。救治淹溺者尤其适用口对鼻呼吸方法。口对鼻呼吸时，将一只手置于伤员前额后推，另一只手抬下颏，使口唇紧闭。用嘴封罩住伤员鼻子，吹气后使口离开鼻子，让气体自动排出（图3-13）。

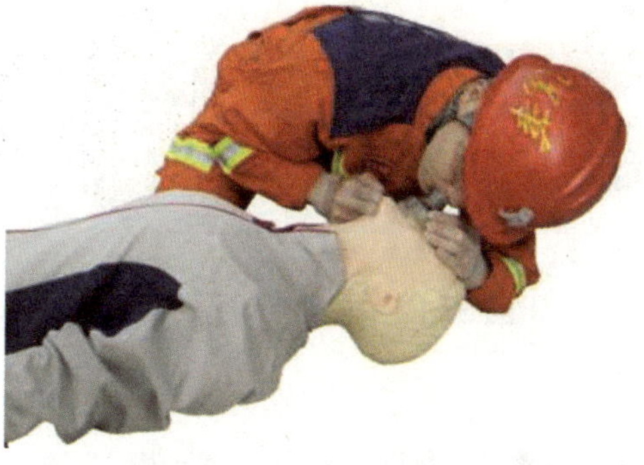

图3-13　口对鼻人工呼吸

心肺复苏效果评估。每进行30次胸外按压和2次人工呼吸，为一个心肺复苏循环，每5个循环（约2 min）后评估伤员呼吸和脉搏。需持续重复操作，直到伤员恢复心跳和呼吸或者专业医护人员到达现场（图3-14）。

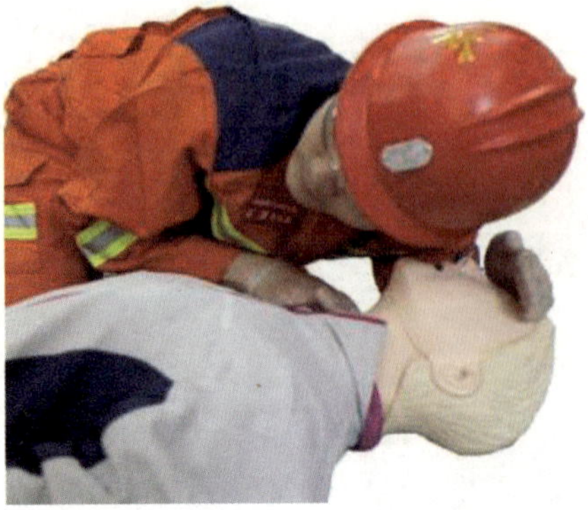

图3-14　心肺复苏效果评估

心肺复苏有效的指征：①伤员面部、口唇等颜色由苍白或青紫转为红润；②伤员恢复心脏搏动；③伤员恢复自主呼吸；④伤员出现反应，如瞳孔由大变小、眼球活动、手脚活动等。

体位复原。出现心肺复苏有效的指征后，帮助伤员穿好衣物，将伤员翻转为复原体位（疑似脊柱损伤伤员不得翻转），开放气道，随时观察伤员的生命体征，并安慰照护伤员，等待专业急救人员的到来（图3-15）。

图3-15　体位复原

第二节　呼吸道异物阻塞现场急救与处理技术

呼吸道异物阻塞是指食物或其他物体进入并堵塞了人体的呼吸道，异物阻塞会导致气体无法顺畅进出肺部，引起突然的呼吸困难不能说话、呛咳，患者可能会用手抓住颈部，大部分人常常不由自主地以一手紧贴于颈前喉部（“V”形手势），出现面色青紫等症状，情况严重时会造成窒息，甚至危及生命（图3-16）。常见的气道异物梗阻急救方法如下。

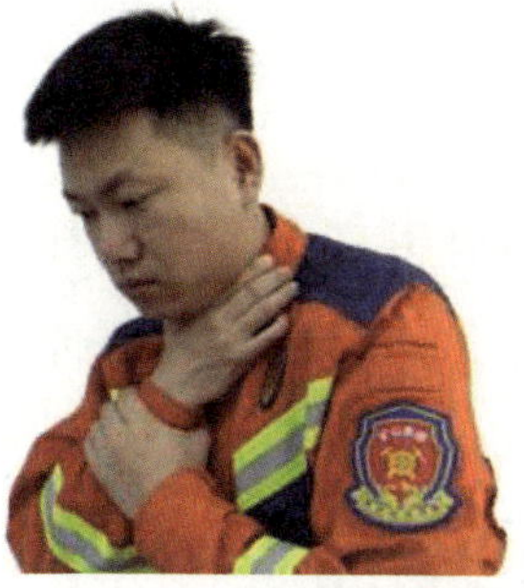

图3-16　呼吸道异物阻塞

一、背部叩击法

适用于意识清楚、有严重气道梗阻症状患者。

（1）救护员站到患者一边，稍靠近患者身后。

（2）用一只手支撑胸部，排除异物时让患者前倾，使异物能从口中出来，而不是顺呼吸道下滑。

（3）用另一只手的掌根部在两肩胛骨之间进行5次大力叩击。

（4）背部叩击法最多进行5次，但如果通过叩击减轻梗阻，不一定每次都要做满5次（图3-17）。

图3-17　背部叩击法

二.腹部冲击法

1. 自救腹部冲击法

适用于不完全气道梗阻患者，意识清醒，而且具有一定救护知识、技能，并且当时无他人在场相助，打电话又困难，不能说话报告情况之下所采用的自救方法。

（1）患者本人可一手握空心拳，用拳头拇指侧抵住腹部剑突下脐上腹中线部位。

（2）另一只手紧握此拳头，用力快速将拳头向上、向内冲击5次，每次冲击动作要明显分开（图3–18）。

（3）还可选择将上腹部抵压在一块坚硬的平面上，如椅背、桌缘、走廊栏杆，连续向内、向上冲击5次，重复操作若干次，直到把气道内异物清除为止（图3–19）。

图3–18　腹部手拳冲击法

图3–19　腹部倾压椅背

2. 互救腹部冲击法(海氏冲击法)

适用于意识清醒，伴严重呼吸道梗阻症状，5次背部叩击法不能解除气道梗阻的患者。

（1）患者立位或坐位。

（2）救护员站在患者身后，双臂环绕患者腰部，令患者弯腰，头部前倾。

（3）救护员一手握空心拳，握拳手的拇指侧紧抵患者剑突和脐之间。

（4）另一手握紧此拳头，用力快速向内、向上冲击。

最多重复5次，如果梗阻没有解除，继续交替进行5次背部叩击和5次腹部冲击（图3–20）。

图3–20　手拳冲击法

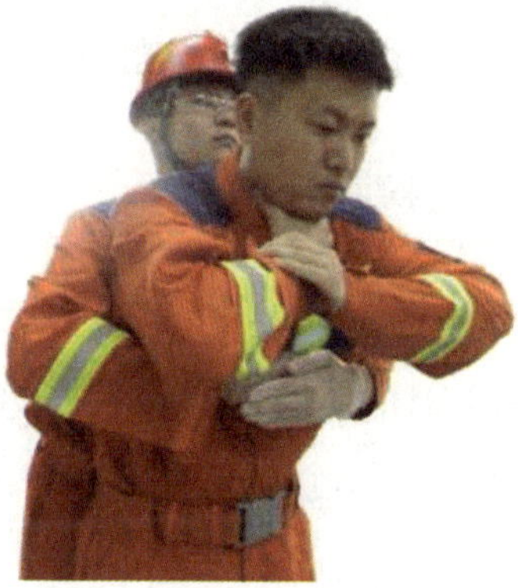

图3–21　胸部手拳冲击法

三、胸部冲击法

适用于不宜采用腹部冲击法的患者，如孕妇和肥胖者等。

（1）救护员站在患者的背后，两臂从患者腋下环绕其胸部。

（2）一手握空心拳，拇指置于患者胸骨中部，注意避开肋骨缘及剑突。

（3）另一只手紧握此拳向内、向上有节奏冲击5次（图3–21）。

四、胸部按压法

适用于无意识或在腹部冲击时发生意识丧失、气道梗阻患者。操作方法同成人心肺复苏。

（1）患者仰卧位，救护员位于患者一侧。

（2）按压部位与心肺复苏时胸外按压部位相同。

第三节 创伤止血技术

在各种突发创伤中，出血是创伤的突出表现。止血是创伤现场施救的基本任务。急救时应有效地止血，保存有效血容量，防止休克的发生。因此现场及时有效地止血，是挽救生命、降低死亡率，为伤员赢得进一步治疗时间的重要技术。止血的方法根据出血种类不同而不同。常用的止血方法有如下几种。

一、直接按压法

最有效的止血方法是直接按压止血。把消过毒的纱布、敷料或其他干净可用的东西敷在伤口处，然后直接用一定的压力按压伤口直到血被止住。一旦血被止住，用一条绷带在伤口处打成一个结。绷带要对伤口有一定压力，当有气体夹板或压力绷带时，可以在厚层纱布上施以直接的压力（图3-22）。

图3-22 直接按压法

二、包扎止血法

用于损伤小血管和毛细血管，出血少的浅表伤口。可用粘贴创可贴包扎止血，或用敷料、纱布包扎止血，或用三角巾、手帕、清洁布料等包扎止血。

三、加压包扎止血法

用于全身各部位的小动脉、静脉、毛细血管出血。用敷料或其他洁净的毛巾、手绢、三角巾等覆盖伤口，加压包扎达到止血目的。其包扎方法如下：

（1）将伤员处于卧位，抬高伤肢（骨折除外）。

（2）检查伤口有无异物，如扎入身体导致外伤出血的硬物小件等。

（3）如无异物，用敷料覆盖伤口，敷料应超过伤口至少3㎝，如果敷料已被血液浸湿，再加上另一块敷料。如有异物，则保留异物，并在伤口边缘将异物固定。

（4）用绷带、三角巾等加压包扎（图3-23）。

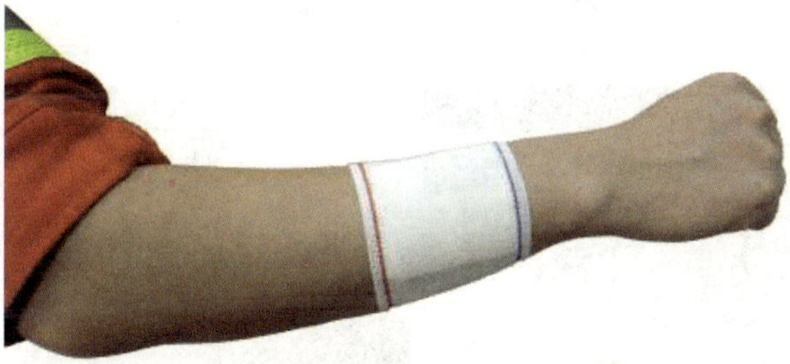

图3-23　加压包扎止血法

四、止血带止血法

四肢有大血管损伤，或伤口大、出血量多时，采用以上止血方法仍不能止血时，方可选用止血带止血的方法。肢体上止血带的部位要正确，一般宜在上臂的上1/3段或大腿中上段。上止血带的部位要有衬垫。记录上止血带的时间，每隔40～50 min要放松3～5 min；放松止血带期间，要用指压法、直接压迫法止血，以减少出血。

1. 橡胶管止血带止血

橡胶管弹性好，可用作止血带，但直径不可过细，否则易造成局部组织损伤。操作时，在准备结扎的部位加好衬垫，施救者用左手拇指与食、中指拿好止血带的一端（A端）约10 cm处，右手拉紧止血带缠绕伤侧肢体（近心端）连同施救者左手食、中指两周，同时压住止血带的A端；然后将止血带的另一端（B端）用左手食、中指夹紧，抽出手指时由食指、中指夹持B端从两圈止血带下拉出一半，使其成为一个活结。如果需要松止血带时，只要将尾端拉出即可（图3-24）。

图3-24　橡胶管止血带止血

2. 布带止血带止血

在事故现场，没有专用的医用气囊止血带或其他止血带，施救者可根据现场情况就地取材，利用三角巾、围巾、领带、衣服、床单等作为布带止血带。但布带止血带缺乏弹性，止血效果差，如果过紧还容易造成肢体损伤或缺血性坏死，因此，尽可能在短时间内使用。

（1）将三角巾或其他布料折叠成约10 cm宽平整的条状带。

（2）如上肢出血，在上臂的上1/3处（如下肢出血，在大腿的中上部）垫好衬垫（可用毛巾、平整的衣物等）。

（3）用折叠好的条状带在衬垫上加压绕肢体一周，两端向前拉紧，打一个活结（也可先将条状带的中点放在肢体前面，平整地将带的两端向后环绕一周作为衬垫，交叉后向前环绕第二周，并打个活结）。

（4）将一绞棒（如铅笔、筷子、勺把、竹棍等）插入活结旁的外圈内，然后提起绞棒旋转绞紧至伤口停止出血为度。

（5）将棒的另一端插入活结套内固定（或继续打结将绞棒的一端固定）。绑扎好止血带后，在明显的部位注明结扎止血的时间（图3-25）。

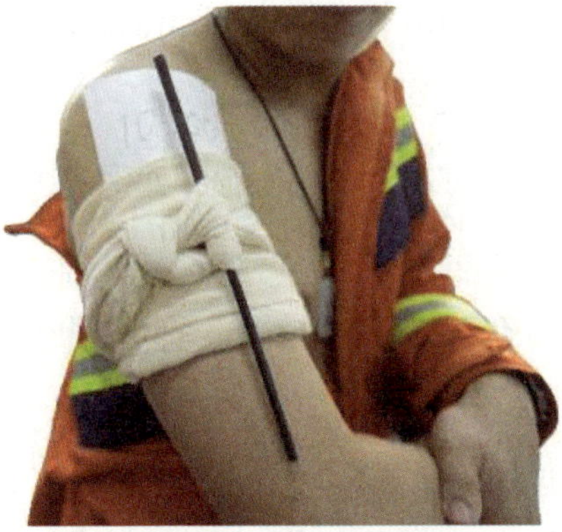

图3-25　布带止血带止血

五、抬高和冷冻止血法

把身体受伤部位抬高到心脏上方的高度，可以减缓血流速度和加快血的凝固。当四肢没有骨折、脱位或穿刺物并且脊椎没有损伤的时候，就可用抬高直接按压的方法。

冷冻可以减轻肿胀，通过收缩血管减少出血。冰块和冷冻包不能直接放在皮肤上，长时间的冷冻会造成冻伤。要用一块布或者毛巾先把冷冻包裹起来再放在伤口处，并且一次冷冻时间不能超过20 min。

六、指压止血法

用手指压迫伤口近心端的动脉，阻断动脉血运，能有效地达到快速止血目的，用于头颈部和四肢的动脉出血。止血时，要准确掌握动脉压迫点；压迫力度要适中，以伤口不出血为准；压迫10～15 min，仅是短时急救止血，止住血后，应根据具体情况换用其他有效的止血方法，如填塞止血法、止血带止血法等；要保持伤处抬高。

七、加垫屈肢止血法

对于外伤出血量较大，肢体无骨折者，用此法。注意肢体远端的血液循环，每隔40～50 min松开3～5 min，否则会导致肢体坏死。

1. 上肢加垫屈肢止血

（1）前臂出血，在肘窝处放置纱布或毛巾、衣物等，肘关节屈曲，用绷带或三角巾屈肘位固定（图3–26）。

（2）上臂出血，在腋窝加垫，使前臂屈于胸前，用绷带或三角巾将上臂固定。

2. 下肢加垫屈肢止血

（1）小腿出血，在腘窝加垫，膝关节屈曲，用绷带或三角巾屈膝位固定。

（2）大腿出血，在大腿根加垫，屈曲髋、膝关节，用绷带或三角巾将腿与躯干固定。

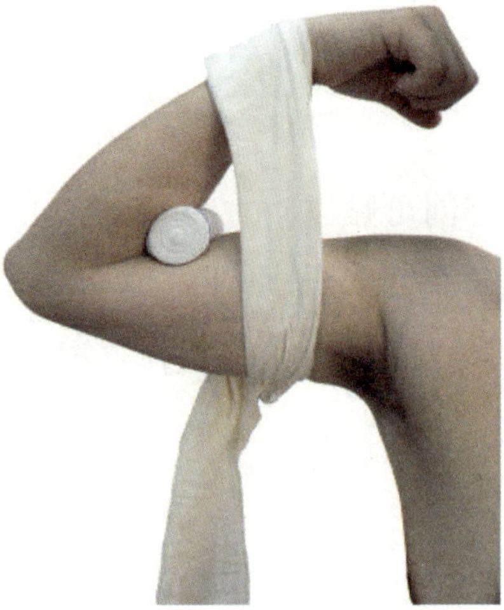

图3-26　上肢加垫屈肢止血

八、填塞止血法

对于伤口较深较大，出血多，组织损伤严重的应紧急现场救治。用消毒纱布、敷料（如无，用干净的布料替代）堵塞在伤口内，再用加压包扎法包扎。

第四节　现场包扎技术

现场包扎是将伤口用自粘贴、尼龙网套、纱布、绷带、三角巾或其他现场可以利用的布料包扎，是外伤救护的重要一环，可以起到快速止血、保护伤口、防止进一步的污染、减轻疼痛的作用，有利于运转和进一步的治疗。

一、包扎的目的

（1）保护伤口，防止进一步污染，减少感染机会。

（2）减少出血，预防休克。

（3）保护内脏和血管、神经、肌腱等。

（4）有利于转运伤员。

二、包扎材料

常用的包扎材料有创可贴、尼龙网套、三角巾、绷带、弹力绷带、胶带等，还可以根据三角巾使用原理就地取材，利用干净的手帕、毛巾、领带、围巾、衣服、床单等作为包扎材料。

三、包扎要求

包扎伤口动作要快、准、轻、牢。包扎时部位要准确、严密、不外露伤口；包扎动作要轻，不要碰触伤口，以免增加伤员的疼痛和出血；包扎要牢靠，但不宜过紧，以免妨碍血液流通和压迫神经；包扎前伤口上一定要加盖敷料。

四、包扎方法

1.绷带包扎

环形法（图3-27）。适用于肢体粗细较均匀处伤口的包扎。

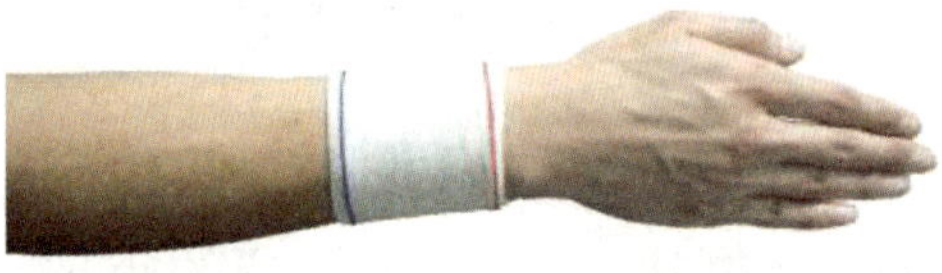

图3-27　环形法包扎

（1）伤口用无菌或干净的敷料覆盖，固定敷料。

（2）将绷带打开，一端稍作斜状环绕第一圈，将第一圈斜出一角压入环形圈内，环绕第二圈。

（3）加压绕肢体环形缠绕4～5层，每圈盖住前一圈，绷带缠绕范围要超出敷料边缘。

（4）最后用胶布粘贴固定，或将绷带尾端从中央纵行剪成两个布条，两布条先打一结，然后再缠绕肢体打结固定。

回返包扎（图3-28）。适用于头部、肢体末端或断肢部位的包扎（以头部为例）。

图3-28　回返包扎

（1）用无菌或干净的敷料覆盖伤口。

（2）先环形固定两圈，固定时前方齐眉，后方达枕骨下方。

（3）左手持绷带一端于头后中部，右手持绷带卷，从头后方向前到前额。

（4）然后再固定前额处绷带向后反折。

（5）反复呈放射性反折，直至将敷料完全覆盖。

（6）最后环形缠绕两圈，将上述反折绷带固定。

“8”字包扎（图3-29）。适用于手掌、手背、踝部和其他关节处伤口的包扎。

（1）用无菌或干净的敷料覆盖伤口。

（2）包扎手时从腕部开始，先环形缠绕两圈。

（3）然后经手和腕“8”字形缠绕。

（4）最后绷带尾端在腕部固定。

（5）包扎关节时绕关节上下“8”字形缠绕。

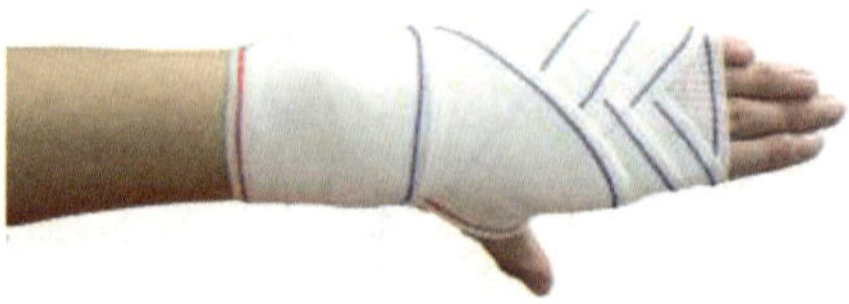

图3-29 “8”字包扎

螺旋包扎（图3-30）。适用于粗细相等的肢体、躯干部位的包扎。

（1）用无菌或干净的敷料覆盖伤口。

（2）先环形缠绕两圈。

（3）从第三圈开始，环绕时压住前一圈的1/2或2/3。

（4）最后用胶布粘贴固定。

图3-30 螺旋包扎

螺旋反折包扎（图3-31）。用于肢体上下粗细不等部位的包扎，如小腿、前臂等。

图3-31 螺旋反折包扎

（1）先用环形法固定始端。

（2）螺旋方法每圈反折一次，反折时，以左手拇指按住绷带上面的正中处，右手将绷带向下反折，向后绕并拉紧。

（3）反折处不要在伤口上。

2.三角巾包扎法

使用三角巾，注意边要固定，角要抓紧，中心伸展，敷料贴实。

可按需要折叠成不同的形状，用于不同部位的包扎。

1）头部包扎

（1）三角巾帽式包扎。适用于头顶部外伤。先在伤口上覆盖无菌纱布（所有的伤口包扎前均先覆盖无菌纱布，以下不再重复），把三角巾底边的正中放在伤员眉间上部，顶角经头顶拉到枕部，将底边经耳上向后拉紧压住顶角，然后抓住两个底角在枕部交叉返回到额部打结（图3-32）。

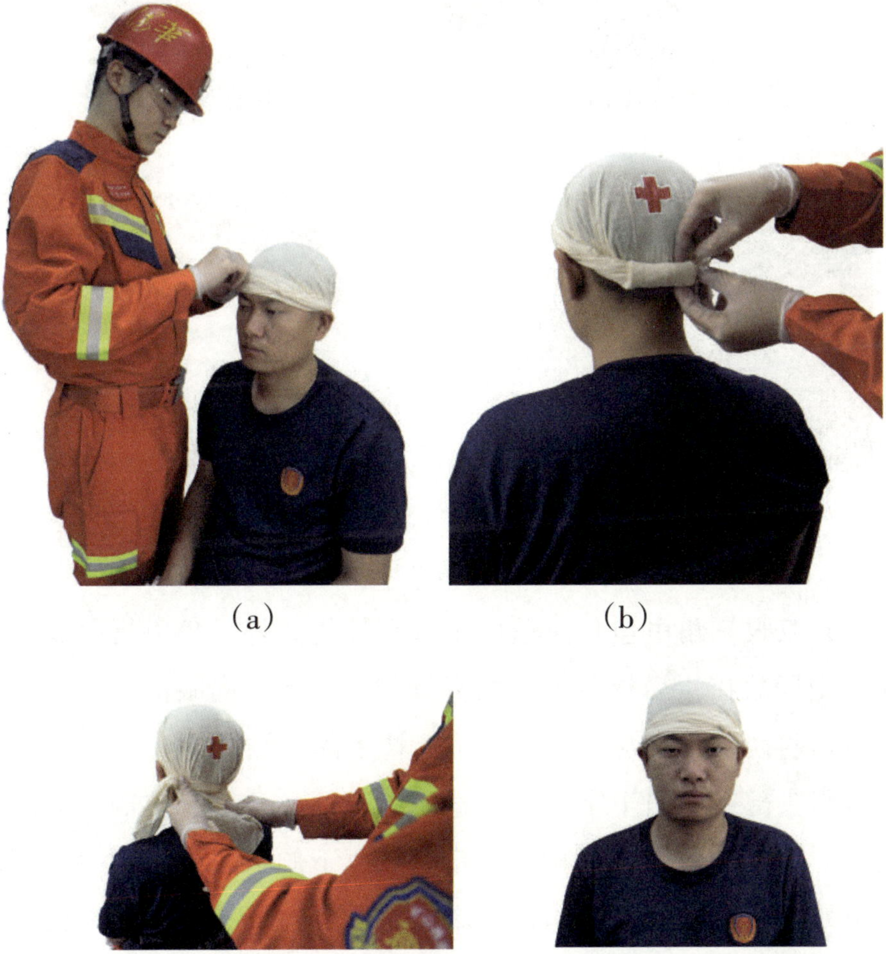

（a）（b）（c）（d）

图3-32　三角巾头部包扎

（2）三角巾面具式包扎。适用于颜面部外伤。把三角巾一折为二，顶角打结放在头正中，两手拉住底角罩住面部，然后双手持两底角拉向枕后交叉，最后在额前打结固定。可以在眼、鼻处提起三角巾，用剪刀剪洞开窗（图3–33）。

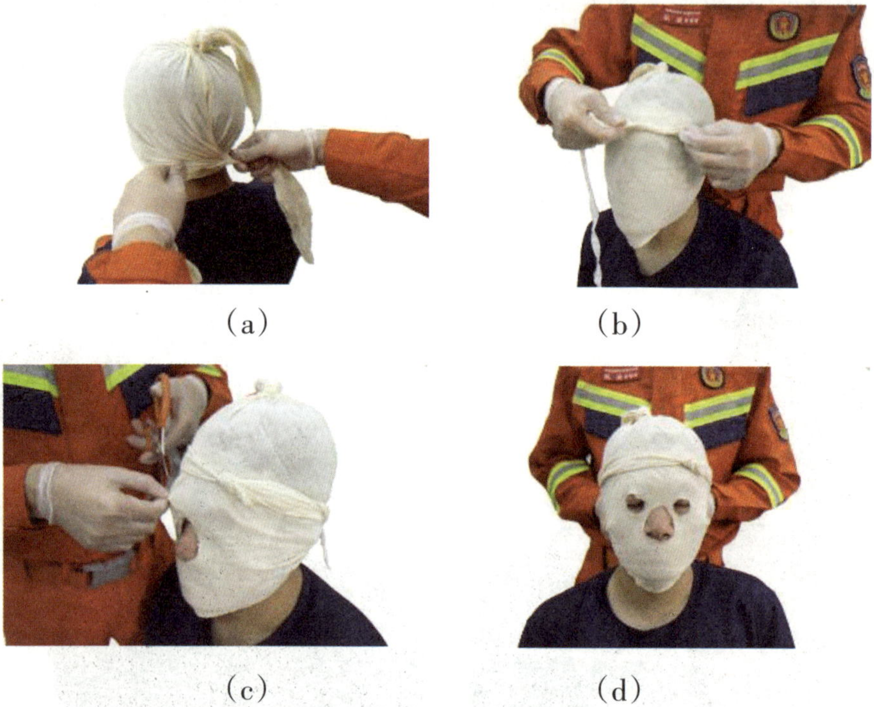

（a）（b）（c）（d）

图3–33　三角巾面具式包扎

（3）双眼三角巾包扎。适用于双眼外伤。将三角巾折叠成三指宽带状，中段放在头后枕骨上，两旁分别从耳下拉向眼前，在双眼之间交叉，再将两端分别从耳上拉向头后枕下部打结固定（图3–34）。

（4）头部三角巾十字包扎。适用于下颌、耳部、前额、颞部小范围伤口。将三角巾折叠成三指宽带状放于下颌敷料处，两手持带巾两底角分别经耳部向上提，长的一端绕头顶与短的一端在颞部交叉成十字，然后两端水平环绕头部经额、颞、耳上、枕部，与另一端打结固定（图3–35）。

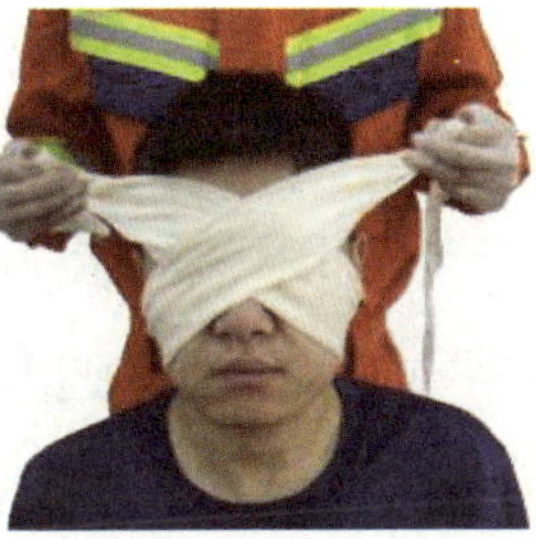

（a）

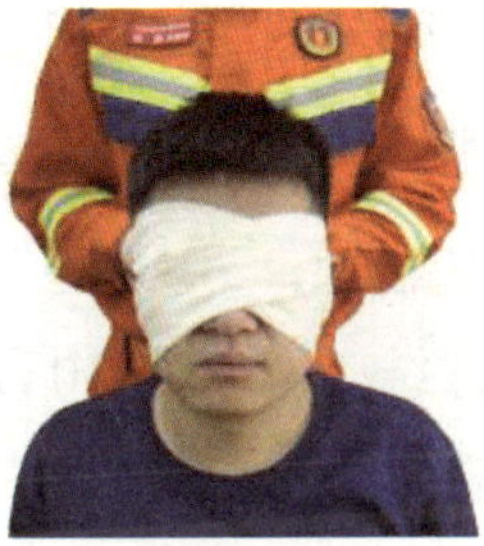

（b）

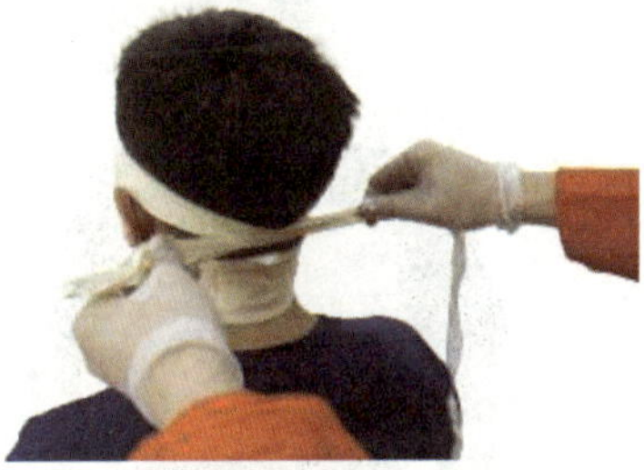

（c）

图3-34　双眼三角巾包扎

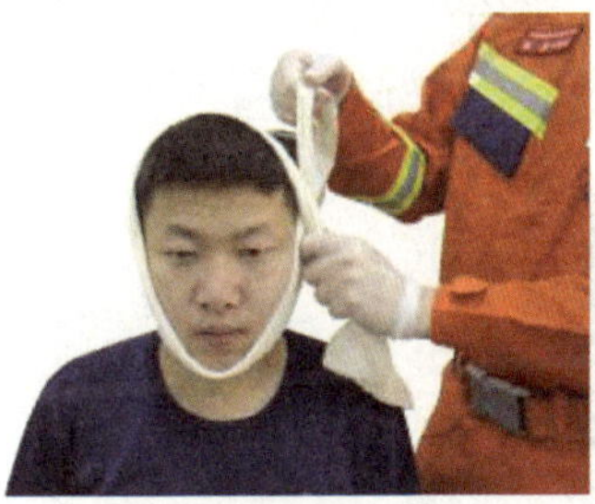

（a）

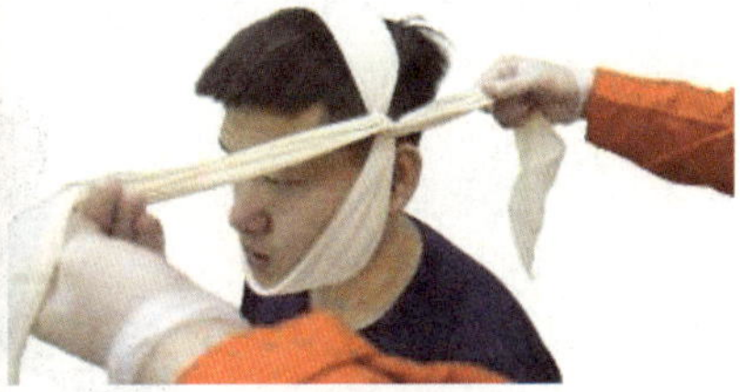

（b）

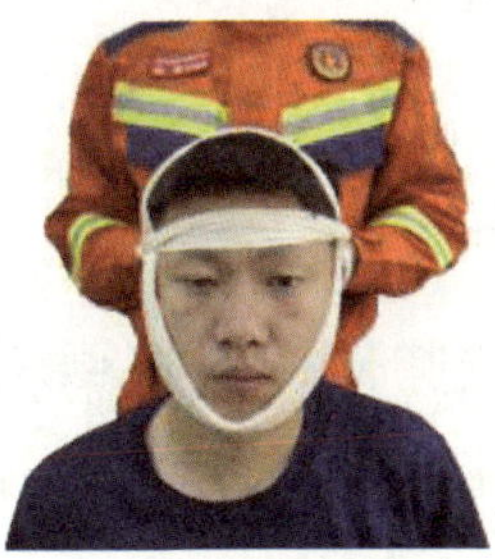

（c）

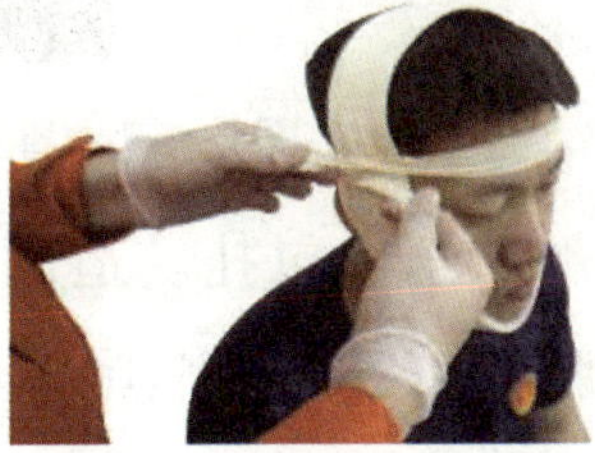

（d）

图3-35　头部三角巾十字包扎

2）胸、背、肩、腋下部包扎

（1）胸部三角巾包扎。适用于一侧胸部外伤。将三角巾的顶角放于伤侧的肩上，使三角巾的底边正中位于伤部下侧，将底边两端绕下胸部至背后打结，然后将巾顶角的系带穿过三角巾底边与其固定打结（图3-36）。

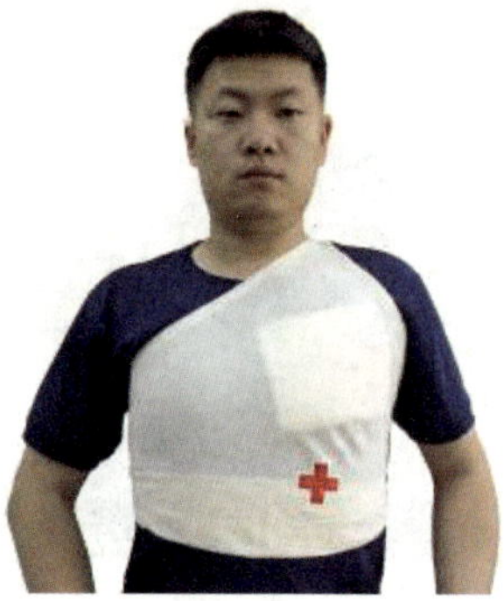

图3-36 胸部三角巾包扎

（2）背部三角巾包扎。适用于一侧背部外伤。方法与胸部包扎相似，只是前后相反（图3-37）。

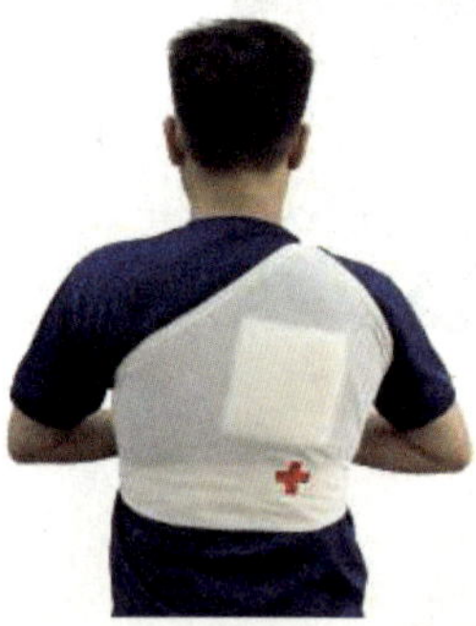

图3-37 背部三角巾包扎

（3）侧胸部三角巾包扎。适用于单侧胸外伤。将燕尾式三角巾的夹角正对伤侧腋窝，双手持燕尾式底边的两端，紧压在伤口的敷料上，利用顶角系带环绕下胸部与另一端打结，再将两个燕尾角斜向上拉到对侧肩部打结（图3-38）。

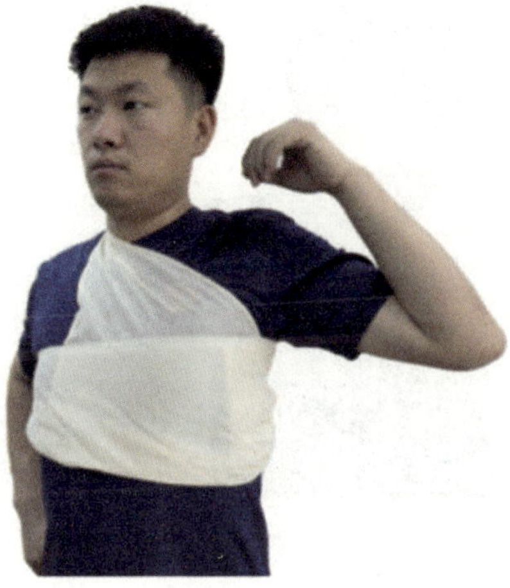

图3-38 侧胸部三角巾包扎

（4）肩部三角巾包扎。适用于一侧肩部外伤。将燕尾三角巾的夹角对着伤侧颈部，巾体紧压在伤口的敷料上，两个燕尾角分别经胸、背拉到对侧腋下打结固定然后燕尾底部包绕上臂根部打结（图3-39）。

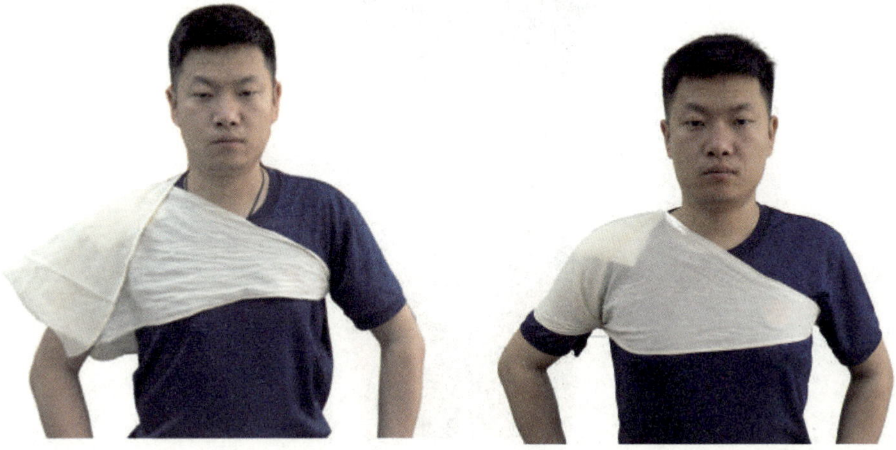

（a）　　　　　　（b）

图3-39 肩部三角巾包扎

（5）腋下三角巾包扎。适用于一侧腋下外伤。将三角巾中段紧压在腋下伤口敷料上，将三角巾的两端向上提起，于同侧肩部交叉，最后分别经胸、背斜向对侧腋下打结固定（图3-40）。

图3-40　腋下三角巾包扎

3）腹部包扎

腹部三角巾包扎适用于腹部外伤。双手持三角巾两底角，将三角巾底边拉直放于胸腹部交界处，顶角置于会阴部，然后两底角绕至伤员腰部打结，最后顶角系带穿过会阴与底边打结固定（图3-41）。

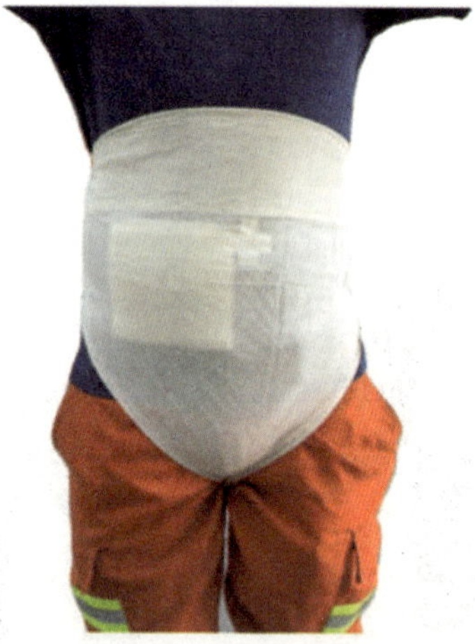

图3-41　腹部包扎

4）手足部包扎

将手（足）掌心向下放在三角巾中央，手（足）指（趾）朝向三角巾的顶角，底边横向腕（踝）部把顶角折回，两底角分别围绕手（足）掌左右交叉，包住顶角之后，在腕（踝）部打结（图3-42）。

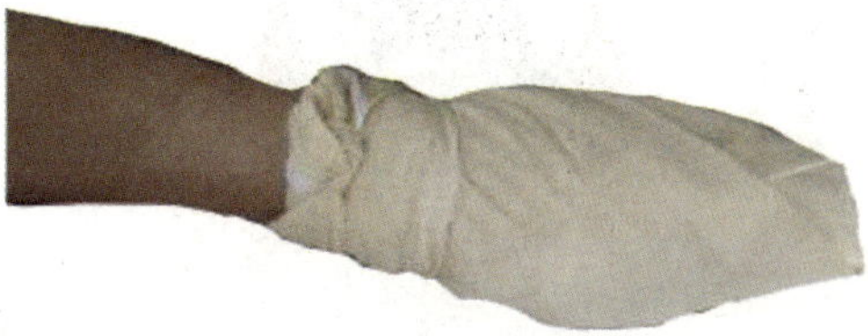

图3-42 手足部包扎

5）膝（肘）关节包扎

根据伤口的情况，把三角巾折成适当宽度，使之成为长条状，然后把三角巾的中段斜放在膝（肘）部的伤处，两端向膝（肘）后交叉，再绕到膝（肘）前外侧打结固定（图3-43）。

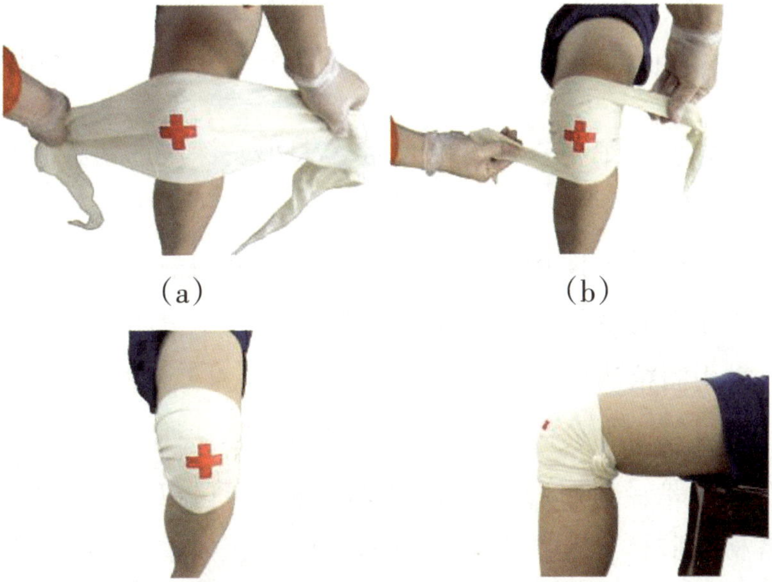

（a） （b）

（c） （d）

图3-43 膝（肘）关节包扎

6）悬臂包扎

三角巾放置于伤肢内侧，一底角置于健侧胸过肩后；伤臂屈肘放在三角巾中部；另一底角包绕伤臂反折至伤侧肩部；两底角在颈后打结，顶角向肘前反折固定；将前臂悬吊于胸前（图3-44）。

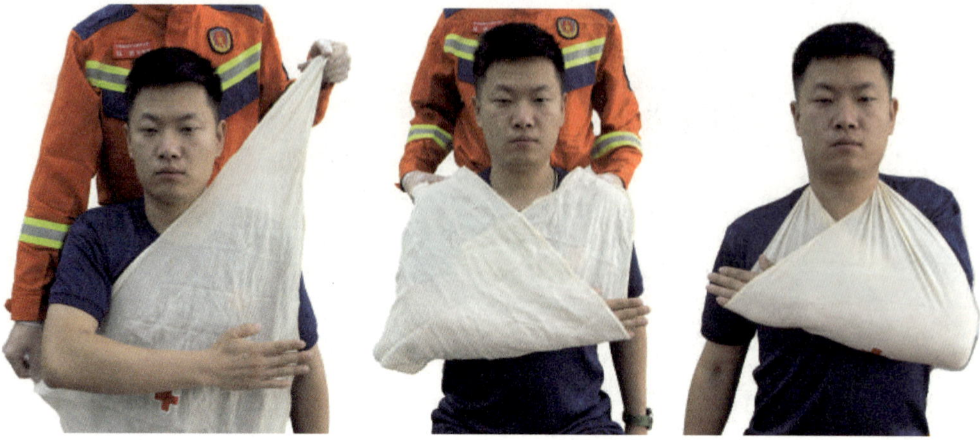

(a)　　　　(b)　　　　(c)

图3-44　悬臂包扎

五、现场包扎的注意事项

（1）首先要仔细检查伤口的位置、大小、深浅、污染程度及异物特点。

（2）尽可能戴上医用手套，如果没有，可用敷料、干净布片、塑料袋、餐巾纸等作为隔离层。如必须用裸露的手进行伤口处理，在处理完后，需用酒精消毒，然后用肥皂洗手。

（3）伤口要加盖敷料，封闭严密，防止伤口感染。

（4）动作要轻巧而迅速，部位要准确，伤口包扎要牢固，松紧适宜，经常检查肢体血运。有绷带过紧的体征，如手（足）甲床和肢体皮肤发紫、有麻感或感觉消失、手（足）指（趾）不能活动，立即松开绷带，重新缠绕。

（5）不要水冲伤口（化学伤除外）。

（6）不要对嵌有异物或骨折端外露的伤口直接压迫止血。

（7）不要在伤口上用消毒剂或消炎粉。

第五节 现场骨折固定技术

现场骨折固定是创伤急救的基本任务。正确良好的固定能迅速减轻伤员伤痛，减少出血，防止损伤脊柱、神经、血管等重要组织，也是搬运伤员的基础，有利于转运后的进一步治疗。如不采取现场骨折固定技术，在搬运过程中骨折端会刺破周围的血管、神经，甚至造成脊柱损伤以及截瘫等严重后果。

一、骨折判断

（1）疼痛。突出表现是剧烈疼痛，受伤处有明显的压痛点，移动时有剧痛，安静时则疼痛减轻。据此可以大体判断是否骨折和骨折的部位。无移位的骨折只有疼痛没有畸形，但局部可有肿胀或血肿。

（2）肿胀。出血和骨折的错位、重叠，都会使外表呈现肿胀现象。

（3）畸形。骨折时肢体会发生畸形，呈现短缩、弯曲或者转向。

（4）功能障碍。原有的运动功能受到影响或完全丧失。

（5）循环、神经损伤的检查。上肢损伤检查桡动脉有否搏动，下肢损伤检查足背动脉有否搏动；触压伤员的手指或足趾，询问有何感觉，手指或足趾能否自由活动等。

二、骨折固定材料

颈托、铝芯塑型夹板、脊柱板、头部固定器 、躯干夹板、锁骨固定带、充气式夹板、负压气垫、木制夹板、临时夹板、自体固定等。

三、常见的骨折固定方法

根据现场条件和骨折的部位采取不同的固定方式。固定要牢固，不能过松、过紧。在骨折和关节凸出处要加衬垫，以加强固定和防止皮肤损伤。

1. 锁骨骨折固定

（1）锁骨固定带。伤员坐位，双肩向后；安放锁骨固定带。如无锁骨固定带，只用三角巾屈肘位悬吊上肢即可。

（2）三角巾固定。将两条指宽的带状三角巾分别环绕两个肩关节，于肩部打结；再分别将三角巾的底角拉紧，在两肩过度后张的情况下，在背部将底角拉紧打结（图3–45）。

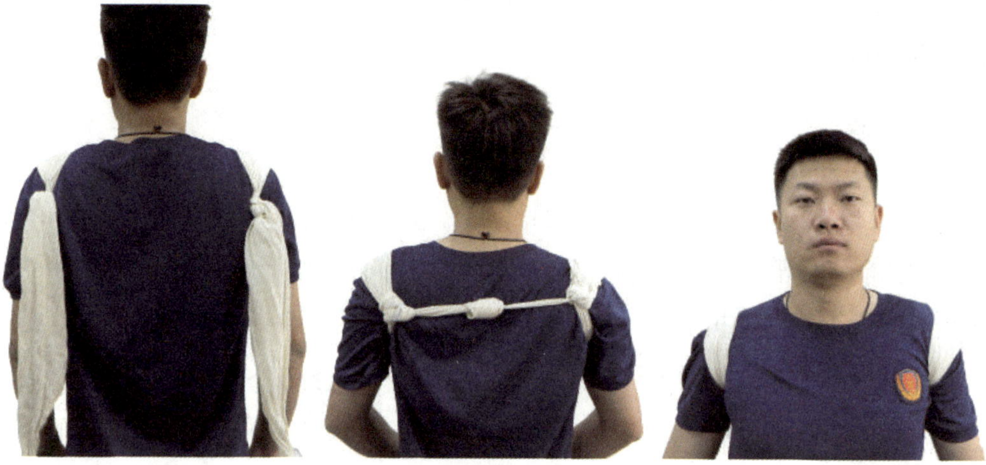

（a）　　（b）　　（c）

图3–45　锁骨骨折固定

2. 闭合性肋骨骨折固定

（1）伤员取坐位，伤侧上臂外展，手掌置于头后，伤侧加衬垫，衬垫前后过中线。

（2）伤员深呼气并屏气。

（3）三条10 cm左右宽的宽带，自下而上呈叠瓦状进行固定，于健侧腋前线或腋后线打结。

3. 肱骨骨折固定

肱骨骨折后上臂肿胀、淤血、疼痛，移位时出现畸形，上肢活动受限。固定时，骨折处要加厚垫保护以防止桡神经损伤。

1）木板固定

（1）两块木板，一块木板放于上臂外侧，从肘部到肩部，另一块放于上臂内侧，从肘部到腋下。

（2）在骨折和关节凸出处放衬垫。

（3）用绷带或三角巾固定上下两端。

（4）屈肘位悬吊前臂。

（5）检查甲床血液循环。

2）躯干固定

现场无夹板或其他可利用物时，则用三角巾或宽布带将上臂固定于胸廓。

（1）屈肘90°，三角巾折叠成宽带或用宽布带通过上臂骨折部绕过胸廓在对侧打结固定。

（2）前臂悬吊于胸前，胸廓打结处应放置敷料（图3-46）。

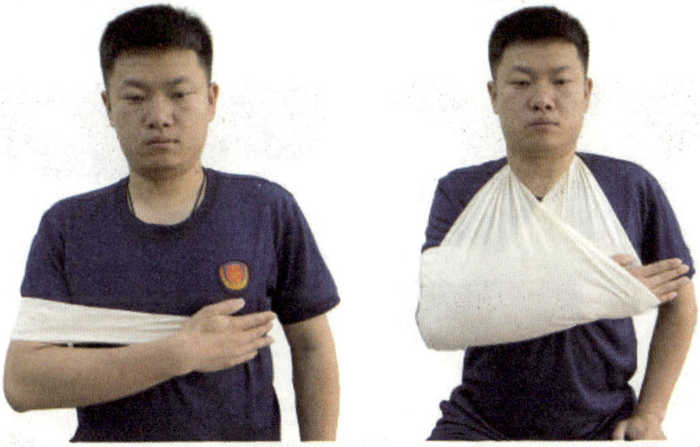

（a）　　（b）

图3-46　躯干固定

4. 前臂骨折固定

前臂骨折可为桡骨或尺骨骨折，或桡尺骨双骨折。前臂骨折相对稳定，血管神经损伤机会较小。

1）充气夹板固定

（1）将充气夹板套于前臂。

（2）通过充气孔充气固定。

2）夹板固定

夹板固定方法如图3–47所示。

（1）屈肘90°，加垫用两块木板固定。

（2）分别置于前臂的外侧、内侧，用三角巾或绷带捆绑固定。

（3）屈肘位大悬臂吊于胸前。

（4）指端露出，检查甲床血液循环。

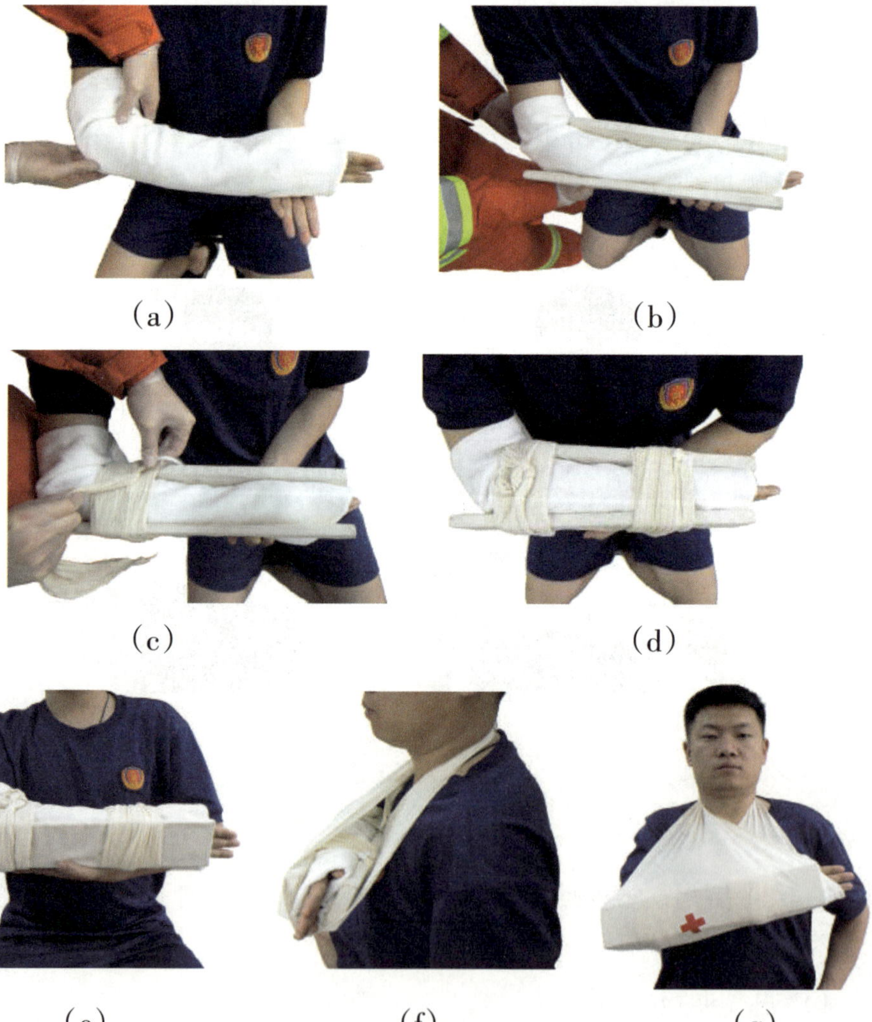

（a）（b）（c）（d）（e）（f）（g）

图3–47　夹板固定

5. 股骨骨折固定

1）木板固定

（1）用两块木板，一块长木板从伤侧腋窝到外踝，一块短木板从大腿根内侧到内踝。

（2）在腋下、膝关节、踝关节骨凸出部位放棉垫保护，空隙处用柔软物品填实。

（3）用7条宽带固定，先固定骨折上下两端，然后固定膝、踝、腋下和胸部腰部。

（4）如有一块夹板则放于伤腿外侧，从腋下到外踝，固定方法同上。

（5）用“8”字法固定足踝，将宽带置于足底，环绕足背两端交叉，环绕踝部反打结固定。

（6）趾端露出，检查甲床血液循环（图3-48）。

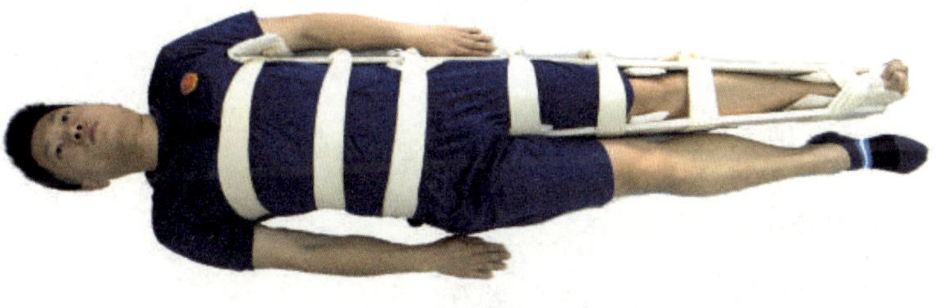

图3-48　股骨骨折木板固定

2）健肢固定

（1）用三角巾、腰带、布带等4条宽带将双下肢固定在一起。

（2）两膝、两踝及两腿间隙之间垫好衬垫。

（3）用“8”字法固定足踝。

（4）趾端露出，检查甲床血液循环（图3-49）。

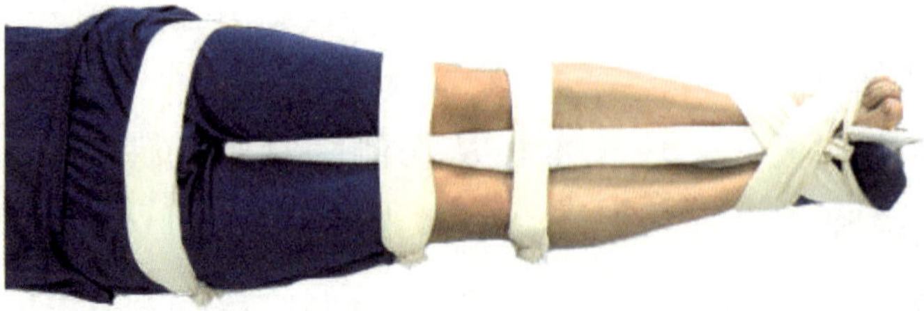

图3-49 健肢固定

6.小腿骨折

小腿骨折端易刺破小腿前方皮肤，造成骨外露。因此，在骨折处要加厚垫保护。出血、肿胀严重时会导致骨筋膜室综合征，造成小腿缺血、坏死。小腿骨折固定时切忌固定过紧。

1）充气夹板固定

（1）将充气夹板套于小腿。

（2）通过充气孔充气固定。

（3）趾端露出，检查甲床血液循环。

2）木板固定

（1）两块木板，一块长木板从伤侧髋关节到外踝，一块短木板从大腿根内侧到内踝。

（2）分别放于伤肢的内侧和外侧。

（3）在膝关节、踝关节骨凸出部位放棉垫保护，空隙处用柔软物品填实。

（4）用4条宽带固定，固定骨折上下两端，然后固定膝、踝。

（5）用“8”字法固定足踝。

（6）趾端露出，检查甲床血液循环（图3-50）。

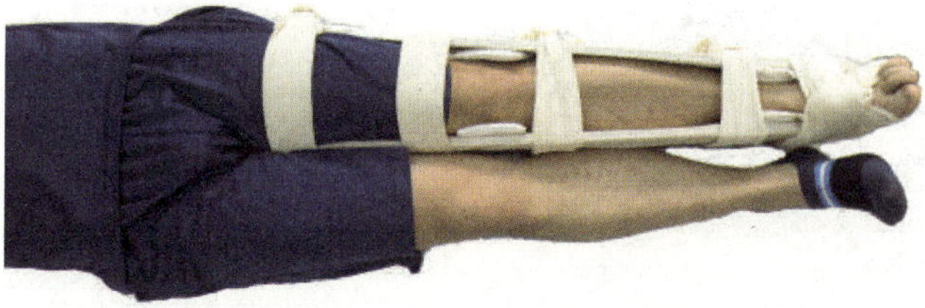

图3-50 小腿骨折木板固定

3）健肢固定

健肢固定与大腿固定相同。

7. 颈椎骨折固定

颈椎骨折通常用脊柱板来固定，具体方法如下：

（1）双手牵引头部恢复颈椎轴线位，上颈托或自制颈套固定（图3-51a）。

（2）保持伤员身体长轴一致位侧翻，放置脊柱固定板平卧位（图3-51b）。

（3）将头部固定，双肩、骨盆、双下肢及足部用宽带固定在脊柱板上，以免运输途中颠簸、晃动（图3-51c、图3-51d）。

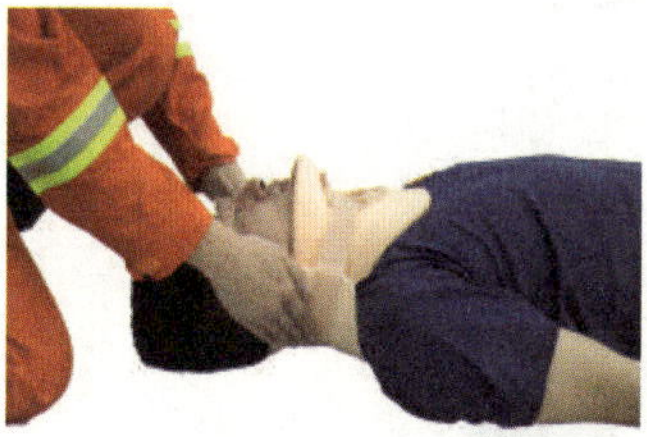

（a）

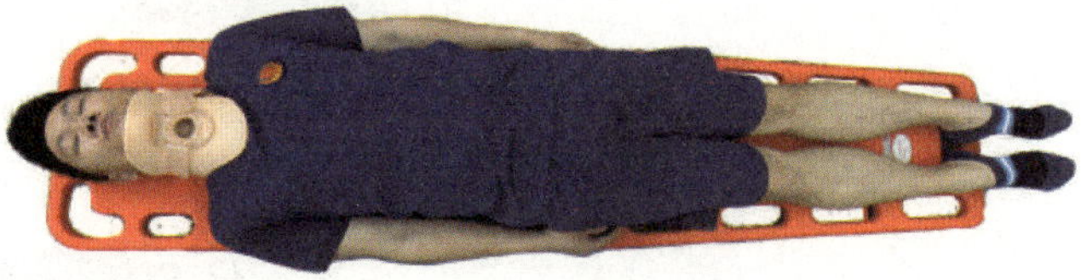

（b）

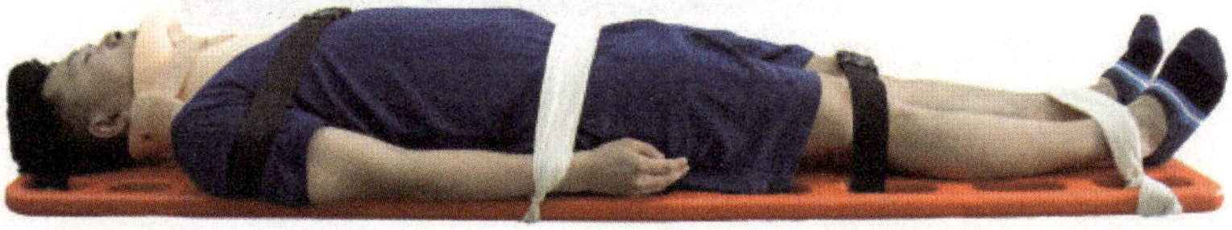

（c）

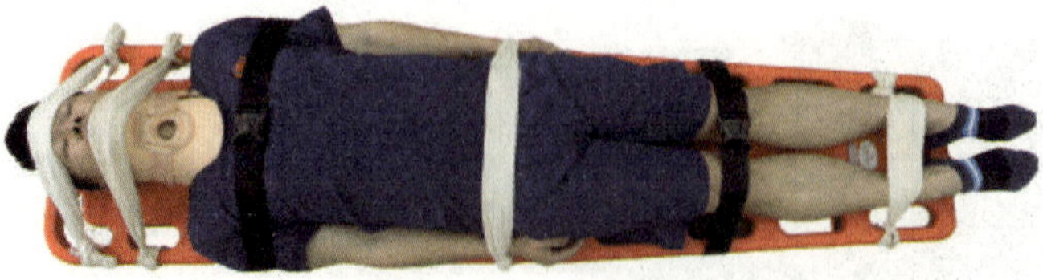

(d)

图3-51　脊柱板固定

8.胸椎、腰椎骨折固定

固定方法与颈椎固定完全相同，只是不要求头颈部完全固定。

9.骨盆骨折固定

(1) 伤员为仰卧位，两膝下放置软垫，膝部屈曲以减轻骨盆骨折的疼痛。

(2) 用宽布带从臀后向前环绕骨盆，捆绑扎紧。

(3) 在两腿间或一侧打结固定。

(4) 两膝之间加放衬垫，用宽绷带捆扎固定。

(5) 两踝间加放衬垫，用宽绷带“8”字捆扎固定（图3-52）。

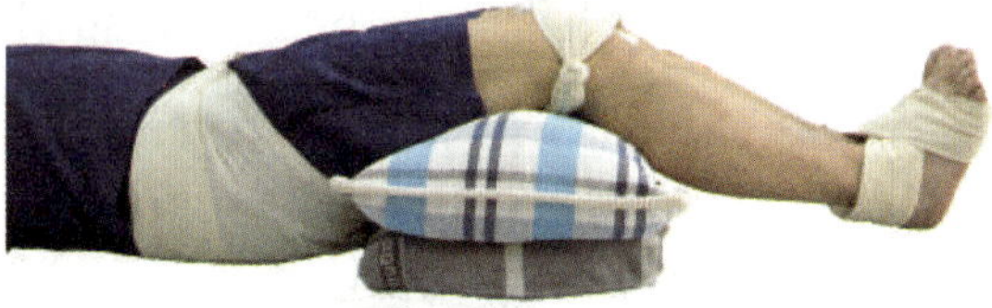

(a)

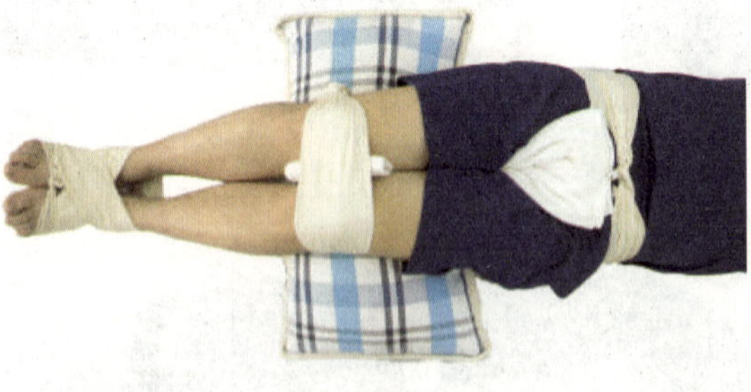

(b)

图3-52　骨盆骨折固定

10. 开放性骨折的固定

（1）敷料覆盖外露骨及伤口。

（2）在伤口周围放置环形衬垫，绷带包扎固定。

（3）夹板固定骨折。

（4）如出血多需要上止血带。

（5）不要将外露的骨质还纳，以免污染伤口深部，造成血管、神经的再损伤。

（6）注意事项：

①开放性骨折禁止用水冲洗，不涂药物，保持伤口清洁。

②肢体如有畸形，可按畸形位置固定。

③临时固定的作用只是制动，严禁当场整复。

11. 固定时的注意事项

（1）置伤员于适当的位置，首先检查意识、呼吸、脉搏及处理严重出血。如现场对生命安全有威胁，要转移到安全区再固定。

（2）夹板的长度应能将骨折处的上下关节一同加以固定；夹板与皮肤、关节、骨凸出部位加衬垫，固定时操作要轻。

（3）断骨暴露，不要拉动，不要送回伤口内；要先固定骨折的上端，再固定下端，绑带不要系在骨折处。

（4）前臂、小腿部位的骨折，尽可能在损伤部位的两侧放置夹板固定，以防止肢体旋转及避免骨折端相互接触。

（5）固定后，上肢为屈肘位，下肢为伸直位。

（6）应露出指（趾）端，便于检查末梢血运情况。

第六节　现场搬运技术

创伤搬运是现场急救的重要内容，是伤员能否安全到达医院而获得全面有效救治过程的一个重要环节。其目的是使伤员脱离危险区，使伤员获得专业治疗，防止损伤加重，最大限度地挽救生命，减轻伤残。

一、常用担架

担架是运送伤员最常用的工具，种类很多。

1. 专用担架

（1）折叠担架。存放、携带方便，对怀疑有脊柱损伤的伤员禁用。

（2）铲式担架。使用较方便，常用于各种伤员的现场搬运。

（3）负压担架。可用于水上、空中对各种创伤伤员进行搬运。

（4）篮式担架。适用于水上及空中伤员的运送。

（5）脊柱板担架。用于脊柱骨折的伤员。

2. 自制担架

（1）木板担架。可用门板等制作。

（2）毛毯担架。在伤员无骨折的情况下运用，毛毯也可用床单、被罩、雨衣等替代。

（3）绳索担架。用木棒两根，将坚实绳索交叉缠绕在两根木棒之间，端头打结。

（4）衣物担架。用木棒两根，将大衣袖翻向内成两管，将木棒插入，衣身整理平整。

二、担架搬运原则

（1）迅速观察受伤现场和判断伤情。

（2）做好伤员现场的救护，先救命后治伤。

（3）应先止血、包扎、固定后再搬运。

（4）伤员体位要适宜。

（5）不要无目的地移动伤员。

（6）保持脊柱及肢体在一条轴线上，防止损伤加重。

（7）动作要轻巧、迅速，避免不必要的振动。

（8）注意伤情变化，并及时处理。

三、搬运操作要点

（1）现场救护后，要根据伤员的伤情选择搬运措施。

（2）疑有脊柱、骨盆、双下肢骨折时不能让伤员试行站立。

（3）疑有肋骨骨折的伤员不能采取背运的方法。

（4）伤势较重，有昏迷、内脏损伤、脊柱骨折、骨盆骨折、双下肢骨折的伤员应采取担架搬运。

四、搬运方法

1.拖行法

现场环境危险、须将伤员立即撤离可采用拖行法。急救人员位于伤员背后，将伤员双侧手臂放胸前；急救人员的双臂置于伤员的腋下，双手紧紧抓住伤员手臂。或将伤员外衣解开，衣服从背后反折，中间段托住颈部，缓慢向后拖行（图3-53）。

图3-53　拖行法

2. 扶行法

扶行法用来扶助伤势较轻并能自行行走的伤员。急救人员位于伤员的一侧，将伤员靠近急救人员一侧的手臂抬起，置于急救人员颈部。急救人员外侧手臂紧握伤员的手臂，另一只手扶持其腰。伤员身体略靠住急救人员（图3-54）。

3. 抱持法

抱持法用于体重较轻的伤员，需确定无腰椎骨折。急救人员位于伤员一侧，一手托伤员的腰部，另一手托住大腿，将伤员抱起（图3-55）。

图3-54　扶行法

图3-55　抱持法

4. 爬行法

爬行法适用于狭窄空间或火灾烟雾现场的伤员搬运。将伤员的双手用布带捆绑于胸前。急救人员骑跨于伤员躯干两侧，将伤员的双手套于急救人员的颈部。使伤员的头、颈、肩部离开地面，施救者双手着地或一手臂保护伤员头颈部，一手着地（图3-56）。

（a）　　　　（b）

图3-56　爬行法

5. 杠轿式搬运法

杠轿式搬运法为两名施救者的搬运法。两名施救者面对面站于伤员的背后，呈蹲位。各自用右手紧握左手腕，左手再紧握对方右手腕，伤员将双手臂分别置于施救者颈后，坐在杠轿上。急救人员慢慢抬起，站立，将伤员抬走（图3-57）。

（a）　　　　（b）

图3-57　杠轿式搬运法

6. 椅托法

椅托法适用于老年人短途运输。将伤员置于椅子上，前施救者抬椅子前腿，并将伤员双腿置于双臂内侧，后者抬椅背，并夹扶伤员双肩（图3-58）。

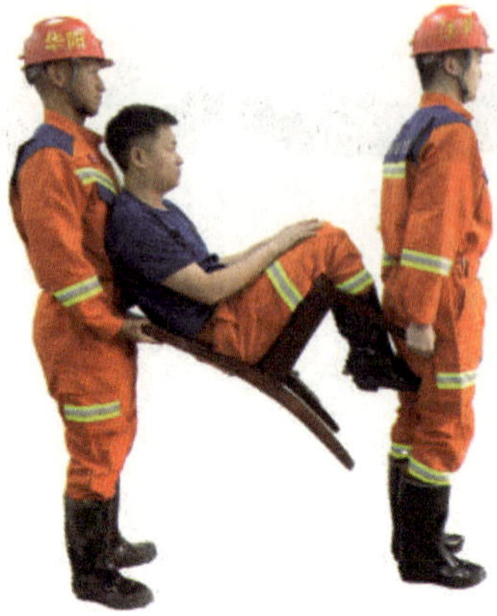

图3-58　椅托法

7.三人平托法

三人平托法适用于脊柱骨折或骨盆骨折。三名施救者站在伤者未受伤一侧，分别在肩部、膝部、臀部，将伤员同时水平抱起，齐步前进（图3-59）。

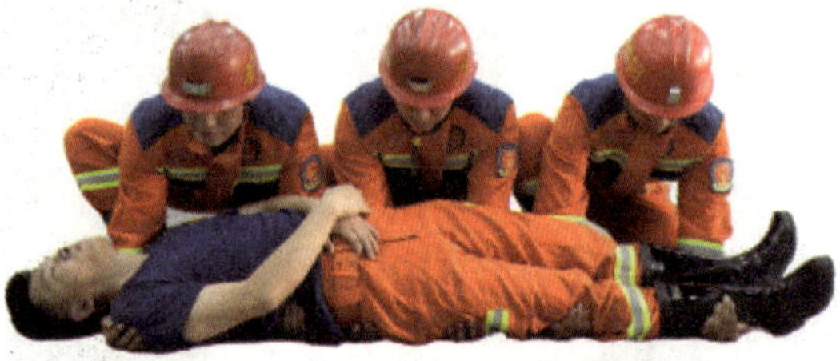

(a)

(b)

（c）

图3-59　三人平托法

8.翻滚法

搬运者双手伸入伤员的头部、前胸部、腹部、髋部、膝关节部，然后动作一致地将伤害一侧翘起，把担架平插入伤员身下，伤员应仰卧。此方法适用于脊柱骨折、颅脑损伤等重伤员（图3-60）。

（a）

（b）

图3-60　翻滚法

9.担架法

担架法应用于脊柱骨折或多发骨折等较重伤员。该方法是现场救护搬运中最常用、最安全的搬运方法，需2～4人一起进行。搬运时伤员头在后、脚在前，以便后面抬担架的救护人员观察伤员的病情变化。注意步调要一致，向高处抬时，前者要将担架放低，后者要抬高(图3-61)。

（a）　（b）　（c）

图3-61　担架法

五、伤员转运注意事项

（1）转运前认真检查伤员，做急救初步处理。

（2）危重伤员经现场医疗救治后，转运时应根据实地情况，选择适宜的转运工具，转向合理的救治医院。

（3）运送途中宜躺卧，不宜坐起，采取“轻、快、稳、准”的原则。

（4）转运途中应严密观察神智反应等基础生命体征及病情变化，有止血带止血的定时松解止血带。

（5）转运过程中对有活动性大出血或转运途中有生命危险的急危重症者，应就地先予抢救、治疗，做必要的处理后再进行监护下转运。

（6）如无转运工具，可因地制宜取材制作简易担架，对于脊柱、骨盆、长骨干骨折的伤员，要选用平整硬质担架为主材。

第七节　对几种类型伤员的急救程序

在矿山生产过程中，人员受伤时，需要根据实际情况开展伤员的急救和互救，针对不同类型的伤员采取不同的急救程序，有效避免伤情进一步恶化，为后续的治疗创造条件。

一、有毒有害气体中毒、窒息伤员的急救

（1）在有毒有害气体环境中抢救人员时，抢救人员应佩用氧气呼吸器。抢救遇险人员时，要立即为其佩用自救器，立即将遇险人员从危险区抢运至新鲜风流中，并安置在顶板良好、无淋水、温度适中的地点。

（2）立即将伤员口、鼻内的黏液、血块、泥土、碎煤等异物除去，并解开其上衣和腰带，脱掉其胶鞋，保持呼吸道畅通。用衣服覆盖在伤员身上以保暖。

（3）根据脉搏、心跳、呼吸、瞳孔等特征和伤员的神志情况，初

步判断伤情的轻重。正常人每分钟心跳60～80次、呼吸16～18次，两眼瞳孔是等大、等圆的，遇到光线能迅速收缩变小，而且神志清醒。休克伤员两瞳孔不一样大、对光线反应迟钝或不收缩。对呼吸困难或停止呼吸者，应及时进行人工呼吸。当出现心跳停止的现象（心音、脉搏消失）时，除进行人工呼吸外，还应同时进行胸外心脏按压急救。

（4）对有外伤骨折的人员要予以固定，不要随便搬动，发现出血，应及时止血。

（5）对二氧化硫和二氧化氮的中毒者只能进行口对口人工呼吸，不能进行压胸或压背的人工呼吸，否则会加重伤情。当伤员出现眼红肿、流泪、畏光、喉痛、咳嗽、胸闷现象时，说明是二氧化硫中毒。当出现眼红肿、流泪、喉痛及手指、头发呈黄褐色现象时，说明伤员是二氧化氮中毒。

（6）人工呼吸持续时间以恢复自主性呼吸或到伤员真正死亡时为止。

二、溺水伤员的急救

（1）把溺水者从水中救出以后，要立即送到比较温暖和新鲜风流处，松开腰带，脱掉湿衣服，盖上干衣服，以保持体温。

（2）要将淹溺者尽量放置侧卧位，头部位置能使口鼻自动排出液体，清理口鼻异物。无须控水，没有任何证据显示水会作为异物阻塞气道。无呼吸、心搏者，立即给予2～5次人工呼吸，然后开始实施CPR（心肺复苏），5组后判断复苏效果。

（3）如果有呼吸心跳，意识不清楚，清除口鼻异物，保证呼吸通畅，密切观察呼吸和心跳变化。

（4）如果有呼吸心跳，意识清楚，保证呼吸通畅，实施其他救护措施。

（5）淹溺者自主能力正常，可协助其自行采用催吐方法排出胃内水，催吐有致误吸的风险，救护员应随时观察淹溺者。

（6）不要轻易放弃抢救，特别是低体温情况下，抢救应坚持到医务人员到达现场。

（7）应急救护有效，淹溺者恢复心跳、呼吸，可用干毛巾为淹溺者擦拭全身，自四肢、躯干向心脏方向摩擦，以促进血液循环。

三、触电伤员的急救

（1）立即切断电源或用绝缘物将电源移开，使伤员迅速脱离电源。

（2）将伤员迅速移至通风安全处，解开衣扣、裤带，检查有无呼吸、心跳。若呼吸、心跳停止时，应立即进行心脏按压和口对口人工呼吸。

（3）轻型伤员可给予保暖，对烧伤、出血及骨折等伤员，应给予及时的包扎、止血及骨折固定。

四、烧伤伤员的急救

（1）首先应使伤员迅速脱离灼热物体及现场，尽快设法以翻滚、按压、泼水等方法扑灭伤员身上的火，力求尽量缩短烧伤时间。

（2）立即用冷水直接反复浇泼烧伤面，条件允许时，可用冷水浸泡 5～10 min，彻底清除皮肤上的余热，以减轻伤势和疼痛，少起水疱，降低创面深度。

（3）脱衣困难时，应快速将衣领、袖口、裤腿提起，反复用冷水浇泼，待冷却后再脱去伤员的衣服，用被单或毯子包裹覆盖伤面和全身。

（4）衣服和皮肉贴住时，切勿强行拉扯，可先用剪子剪开粘连部位周围的衣服，再进行包扎。水疱不应弄破，焦痂不应扯掉。烧伤创口不应涂任何药物，只需用敷料覆盖包扎即可。

（5）检查伤员呼吸、心跳情况；检查是否有其他外伤或有毒气中毒；对爆炸冲击烧伤伤员，应特别注意有无颅脑或胸腹腔内脏损伤和呼吸道烧伤。要防止休克、窒息、创面污染。伤员因疼痛和发生休克时或发生急性喉头梗阻而窒息时，可进行人工呼吸等进行急救。

（6）当救援队来到现场后，应转由救援队救护。转运时要快速、少颠簸，随时注意预防窒息和休克的发生。

五、对休克伤员的急救

（1）松解伤员衣服，使伤员平卧或者下肢抬高约30°，保持伤员体温。

（2）清除伤员呼吸道内的异物，确保呼吸道畅通。

（3）迅速判断休克原因，采取相应措施。

（4）针对休克不同的病理生理反应及主要病症积极进行抢救，出血性休克尽快止血，对于四肢大出血，首先采用止血带。

（5）经初步评估和处理后尽快转送。

六、对昏迷伤员的急救

（1）使伤员平卧或者两头均抬高约30°。

（2）解松衣扣，清除呼吸道内的异物。

（3）可以采用刺、按人中等穴位，促其苏醒。

第四章　矿山灾害事故的自救与互救

大量事实证明，矿井发生灾害事故时，除外部积极抢险救援外，在事故现场被困人员能够抓住宝贵的“救命黄金时刻”，积极地采取自救、互救，就有可能赢得生命安全或最大限度地减少人员伤亡和财产损失。本章主要介绍矿山常见事故的识别及征兆、自救与互救方法，并选取了部分案例用以借鉴，以提升矿井从业人员的自救互救能力。

第一节　煤矿火灾事故的自救与互救

一、事故征兆识别和事故特征

矿井火灾分为内因火灾和外因火灾，外因火灾是由明火、爆破、电流短路、摩擦等外部火源引起的火灾；内因火灾是由煤炭或其他易燃物质自身氧化蓄热发生燃烧而引起的火灾。因致火原因不同，两者的征兆和特征有所不同。

1.煤矿火灾事故的征兆

1）内因火灾主要征兆

（1）井下火区附近的空气温度以及从火区流出的水的温度高于正常情况下的温度。

（2）巷道壁帮出现水珠，是煤在低温氧化过程中产生热量，由于热量的积聚，提高了煤体的温度，使水分蒸发，因而巷道中的湿度增加，水气凝集在空气中呈现雾状，在支架和巷道壁表面形成水珠，一般把这种现象叫巷道煤壁“出汗”。

（3）在巷道中如闻到煤油、汽油和松节油等芳香族气味时，尤其是当闻到煤焦油的恶臭时，表明煤炭自燃已发展到严重程度。

（4）煤炭自燃过程中会产生一氧化碳和二氧化碳，导致氧气浓度降低，使人产生闷热、憋气、头痛、四肢无力、疲劳等症状。

总结矿井内因火灾的征兆即先来气（水蒸气）、后来味（煤油味、汽油味和煤焦油味）；先发湿（水珠）、后发干（温度升高后水分被蒸发）；不是着火，就是冒烟。

2）外因火灾主要征兆是：

（1）机电硐室、安装带式输送机或输送机下浮煤较多的巷道出现烟雾，烟雾的上风口一氧化碳浓度增加，其他气体浓度异常，局部温度增高。

（2）电缆和其他电气设备出现绝缘老化、漏电现象、负荷过大、温度升高的现象。

2.煤炭火灾事故的特征

（1）矿井火灾发生的地点多。内因火灾多发生于有大量遗煤而未及时封闭或封闭不严的采空区、终采线附近，通风不良的乱采乱掘处、冒顶处，巷道两侧和遗留在采空区内受压的煤柱，综采放顶煤工作面，厚煤层分层开采以及急倾斜煤层开采采出率低、丢煤多的采空区，巷道内堆积的浮煤或煤巷的冒顶、片帮处，断层带附近，溜煤眼及联络巷等。外因火灾多发生于带式输送机机头和机尾及底部浮煤、明火作业点、机电硐室、爆破作业点及由其他事故引发。

（2）火灾诱因多。内因火灾主要是因自燃引起，特点是：其发火有一个或长或短的发展过程，易于早期发现；但内因火源隐蔽，往往发生在人们难以进入的采空区或煤柱内，要想真正找到火源确非易事，因此常常不能及时灭火。外因火灾因井下使用明火、采用不安全的爆破方法、机械摩擦或撞击产生火花、电气设备的绝缘损坏和性能不良发生短路等而引起，特点是：突然发生，如果不能及时发现，常可酿成恶性事故。

（3）矿井火灾产生高温火焰、大量一氧化碳和其他有毒有害气体和粉尘，能使井下风流逆转、破坏通风系统及巷道，使人员烧伤、中毒、窒息；可能诱发瓦斯、煤尘爆炸；炽热含挥发性气体的烟流与相接巷道新鲜风流交汇后燃烧，使火源下风侧可能产生若干再生火源，使煤炭资源大量被烧毁，损坏机械设备。

二、自救互救的一般要求和方法

（1）现场班组长、跟班干部要根据火灾性质立即组织现场人员正确佩用好自救器，带领现场人员利用灭火设施进行现场自救，力争将火灾消灭在初始阶段。

灭火应注意以下几点：

一是要有充足的水量，应先从火源外围逐渐向火源中心喷射水流。

二是要保持正常通风，并要有畅通的回风通道，以便及时将高温气体排出。

三是用水灭电气设备火灾时，首先要切断电源。

四是不宜用水扑灭油类火灾。

五是灭火人员不准在火源的回风侧，以免烟气伤人。

（2）及时向矿调度室报告，并迅速向事故可能波及的区域发出警报。

（3）当现场人员不能在第一时间扑灭火灾时，班组长要立即组织所有现场人员按最近避灾路线到达新鲜风流处。在确保安全的前提下，应设法将撤退的行动路线和目的地告知调度室，到达目的地后再报告调度室。

（4）如因火灾破坏了巷道中的避灾路线指示牌、迷失了行进的方向时，撤退人员应朝着有风流通过的巷道方向撤退。

（5）在撤退沿途和所经过的巷道交叉口，应留设指示行进方向的明显标志，以提示救援人员的注意。

（6）在唯一的出口被封堵无法撤退时，应在现场管理人员或有经验的老工人的带领下进行灾区避灾，以等待救援人员的营救。

（7）进入避难室前，应在硐室外留设文字、衣物、矿灯等明显标志，以便于救援人员及时发现，前往营救。

（8）硐室内，开启压风自救系统，可采取有规律地敲击金属物、顶帮岩石等方法，发出呼救联络信号，以引起救援人员的注意，为救援人员指示避难人员所在的位置。

（9）积极开展互救，及时处理受伤人员，抢救窒息人员。

三、重点部位（或重点环节、重点时段）的自救互救

1. 火灾事故现场人员应采取的自救互救措施

（1）在井下不论任何人发现了烟气或明火等火灾灾情，应立即向现场领导人汇报，并迅速通知附近工作的人员。

（2）现场人员要立即组织起来，在尽可能判明事故地点及灾害程度、蔓延方向等情况的同时迅速向矿调度室报告，请求救援，并立即投入抢救。

（3）抢救时，要及时切断灾区内的电源并迅速设法通知或协助撤出受火灾影响区域内的人员。

（4）火势不大时，在判断无爆炸危险的前提下，应根据现场条件立即组织力量将火直接扑灭。

（5）如果火灾范围大或火势猛烈，则应在撤出灾区人员、保证自身安全的前提下，采取稳定风流、控制火势发展，防止人员中毒和预防瓦斯或煤尘爆炸的措施，并随时保持和地面指挥部的联系，根据指挥部命令行事。

（6）当现场人员无力抢救时，要立即进行自救和沿避灾路线组织人员撤出。

2. 在有烟雾的巷道里的避灾自救

（1）在有烟雾的巷道里，停留避灾或是建立避灾场所的可能性较低。应当采取果断措施迅速脱离现场，撤到有新鲜风流的巷道。

（2）在有烟雾的巷道里撤退时，必须及时佩用好自救器（若自救器失效应捂湿毛巾）。

（3）避灾自救时要尽量避免深呼吸和急促呼吸。如果巷道内通风机没有停止运转，要充分利用风筒内的新鲜风流和压风管路空气等条件。在没有自救器或是自救器的使用超过了有效保护时间时，可切断或打开压风管路的阀门或利用有风（但必须是新鲜无害）风筒呼吸；在避灾硐室同样可以利用这种条件供风送气，既能供人呼吸和延长避灾时间，又能提高避难场所的空气压力，防范有害烟气的侵袭。

（4）避灾和自救时，要根据烟气的特性（如烟气的浓度、成分、颜色、温度及刺激性的大小等）、周围环境的特点（火的性质、范围、火势大小、距火源的远近、通风状况、巷道的断面及坡度等），迅速辨认方向及自己所处位置与周围巷道之间的关系，仔细观察和感觉风流的大小和方向、烟气的来源及温度的高低等，判断火灾的大体方位和情况，以便作出决定，迅速通过捷径脱离危险区。

（5）逆烟撤退具有很大的危险性，在一般情况下不要这样做。除非是在附近有脱离危险区通道出口，而且又有脱离危险区的把握时，或是只有逆烟撤退才有争取生存的希望时，才采取这种撤退方法。

（6）撤退途中，如果有平行并列巷道或交叉巷道时，应靠有平行并列巷道和交叉巷口的一侧撤退，并随时注意这些出口的位置，尽快寻找脱险出路。在烟雾大视线不清的情况下，要摸着巷道壁或管道前行，以免错过连通出口。

（7）当烟雾在巷道里流动时，一般巷道空间的上部烟雾浓度大、温度高、能见度低，对人的危害也严重，而靠近巷道底板情况则要好一些，有时巷道底部还可能会有比较新鲜的低温空气流动。为此，在有烟雾的巷道里撤退时，烟雾不严重的情况下，即使为了加快撤退速度也不应直立奔跑，应尽量躬身弯腰，低着头快速前进。如烟雾大、视线不清或温度高时，则应尽量贴着巷道底板和巷壁，摸着铁道或管道等快速爬行撤退。

（8）在高温浓烟的巷道撤退还应注意利用巷道内的水，浸湿毛巾、衣物或向身上淋水等办法进行降温，改善自己的感觉，或利用随身物件等遮挡头面部，以防高温烟气的刺激等。

3.在火灾事故中当发现有爆炸危险时的避灾自救方法

在火灾事故中，当发现有发生爆炸的征兆时（当爆炸发生时，巷道内的风流会有短暂停顿或颤动，应当注意的是这与火风压可能引起的风流逆转的征兆有些相似），如果有可能要立即避开爆炸的正面巷道或进入巷道内的避难硐室；如果情况紧急，应迅速背向爆源、靠巷道的一帮就地顺着巷道趴卧，面部朝下紧贴巷道底板，用双臂护住头面部并尽量减少皮肤外露部分；如果巷道内有水坑或水沟，则应顺势爬入水中。在爆炸发生的瞬间，要尽力屏住呼吸或闭气将头面浸入水中，防止吸入爆炸火焰和高温有害气体，同时要以最快的动作佩用好自救器。爆炸过后稍作观察，待没有异常变化迹象时要辨明情况和方向，沿着安全避灾路线尽快离开灾区，转入有新鲜风流的安全地带。撤离中要有经验和熟悉路线的老工人带领同行。假如巷道破坏严重又不知道撤离路线是否安全，就要设法到附近较安全的地方躲避，这些地方要尽可能选择没有有害气体、有压风管路和水或距水较近的地方，并要随时注意观察附近情况的变化，发现有危险时应采取防范措施或转换地点。

四、案例

［案例一］1983年1月23日，某煤矿掘进巷道发生火灾后，除3名工人及时冲出火源脱离危险外，还有23名工人被堵在灾区里面。他们迅速撤退至平巷迎头，并用竹笆、风筒很快建造了一道临时密闭，又在这个密闭内8 m外，用溜槽、工作服、竹笆、风筒等物建造了更严密的第二道临时密闭。然后，派一个人在密闭附近监视，其他人员躺下休息。5小时后，23名矿工全部由救护队救出。正是由于他们能利用现场便利条件构筑临时密闭，采取了科学的自救措施，挽救了自己的生命。

［案例二］1984年2月24日4时30分左右，河南某矿发生一起明火火灾。被火烟包围的综采面的21人中，除了12名身体好的人员冲出危险区脱险外，还有9人被围困在灾区内，其中有驻矿监察处副处长张××和矿检查科郑××。张副处长先稳定了现场人员的思想情绪，并根据火烟方向、速度及通风情况，指挥遇险人员缓缓撤回至回风巷，然后立即用衣服等物品将风门严密封闭，保存回风巷中有限的新风。为了减少氧气消耗，张副处长要求遇险人员静止待救，并商讨脱险策略。当大家要求由回风流强撤时，张提出不能冒险盲目集体撤出，应先由两人侦察后再行议事。经两人侦察，发现烟浓温高不能撤退，遇险人员便撤返风门处待救。当他们发现烟雾又从回风巷口向他们逆退过来时，他们又将回风侧的三道消尘水幕打开，以降温、隔绝烟雾逆流和

吸收有毒有害气体。6时30分，救护队还没有进入灾区，遇险人员心急难待，于是重新打开风门侦察发现无烟，人员便进入采煤工作面，边行进边侦察到机头处时，与调度室通话联系，告知他们待救地点，要求火速派救护队抢救。后救护队在8时30分将9人全部救出。

［案例三］2019年11月19日20时，山东某矿3306工作面发现火情，11名正在作业的人员被困。一名班组长、一名防冲击地压工作人员和一名安监员被困在火场前方200 m的巷道尽头。其中率先发现火情并汇报调度室的安监员放弃撤离的机会，在返回通知工友的时候被困住。在救护队紧张有序救援的同时，他们找到了直径1 m、由阻燃材料制成的风筒作为他们的逃生通道。21日早上7时30分到8时之间，他们开始顺着风筒往外爬，4名干部中2人开路、2人殿后，其余7人在中间，有序自救。凭着对外界温度的感知，被困人员在风筒中爬行300多米跨过着火带之后，用随身携带的工具切开风筒。21日8时45分，正在井下灭火的救援队员发现了爬出风筒的被困工友，第一时间送上自救器并佩用上，避免一氧化碳中毒。9时27分，被困人员在救援队员的帮助下抵达井下安全区域。10时18分，11人全部安全升井，被立即送往医院。他们通过积极的自救有效脱离了险区，为后续救援队的成功营救创造了条件。

第二节　煤矿瓦斯、矿尘爆炸事故的自救与互救

一、事故征兆识别和事故特征

1. 煤矿瓦斯、矿尘爆炸事故征兆

瓦斯、矿尘爆炸本身无预兆，是突发性的。但发生瓦斯、矿尘爆炸时，在距爆炸源一定距离的人员能够感觉到附近空气流动静止，出现颤动现象，耳膜有震动。

2. 煤矿瓦斯爆炸事故特征

瓦斯爆炸事故，一般多发生在采掘工作面等井下作业地点。采煤工作面一般发生在回风隅角、采煤机附近及巷道高冒处。掘进工作面一般发生在迎头、巷道高冒处及停风时。个别采空区或者盲巷由于封闭不及时、不严密导致煤层自燃，当瓦斯达到爆炸浓度，也可引起瓦斯爆炸。

根据其爆炸特点和波及范围，一般可分为局部瓦斯爆炸、大型瓦斯爆炸和瓦斯连续爆炸三类，每一类型都有各自的特征。

局部瓦斯爆炸事故。仅发生在局部地区，如一个工作面或一条巷道的局部瓦斯积聚点。由于参与爆炸的瓦斯较少，爆炸后产生的冲击波、爆炸火焰以及有毒有害气体对矿井影响也较小。其特点是：

（1）矿井通风系统未破坏或破坏不严重。

（2）人员在200～300 m以内受冲击波和爆炸火焰伤害，200～300 m以外伤害不严重。如巷道拐弯多，冲击波和爆炸火焰的威胁降低很快，也常出现人员伤害轻或无伤害的现象。

（3）巷道支护一般保持良好。但往往由于支护质量差、煤岩松软、顶板破碎，也可能产生煤岩垮落和冒顶，甚至造成巷道或工作面堵塞和埋人的情况。

（4）事故发生在采煤工作面或其他利用矿井总风压通风的地点，在爆炸点附近的人员，主要受冲击波和爆炸火焰的伤害；在回风侧的人员，主要受有毒有害气体的伤害；在冲击波和爆炸火焰波及不到的进风侧，人员无伤害。

（5）事故发生在局部通风机通风的独头掘进巷道时，局部通风机通风被破坏，爆炸产生的烟雾及有毒有害气体，在短时间内不能扩散或排除。在巷道里的人员除受冲击波和爆炸火焰的伤害外，还会受有毒有害气体的伤害。特别是处于回风流工作的人员，容易受到有毒有害气体的侵害，造成大量人员中毒遇难。

（6）局部瓦斯爆炸引起的火灾，如果行动迅速，可用直接灭火法扑救。

大型瓦斯爆炸事故。一般发生在瓦斯大量积聚的工作面、巷道或区域。由于参与爆炸的瓦斯量大，爆炸产生的冲击波、爆炸火焰及有毒有害气体可能影响一个采区、一个阶段、一个翼甚至整个矿井。其特点是：

（1）矿井通风系统遭到破坏，有的破坏很严重，恢复通风比较困难。

（2）短时间可发生风流逆转和风流紊乱的现象，大量有毒有害气体四处蔓延，造成大量人员中毒。

（3）爆炸产生的冲击波、爆炸火焰对人体的伤害、对矿井各种设备、设施的破坏程度很严重。

（4）巷道支护破坏严重，可出现大面积冒顶区，造成巷道堵塞、埋人，给抢救遇险人员带来极大困难。

（5）容易引起煤尘参与和瓦斯连续爆炸，又容易引起大型火灾事故，使组织自救、互救更加复杂、困难。

瓦斯连续爆炸事故。矿井发生瓦斯爆炸事故后，紧接着又发生第二次、第三次甚至若干次瓦斯爆炸事故，即为瓦斯连续爆炸事故。其特点是：

（1）多发生在瓦斯涌出量较大的有自然发火的煤层和矿井。

（2）瓦斯连续爆炸的次数和两次爆炸的间隔时间与灾区的通风情况有直接关系。灾区的瓦斯源充足，有大量的空气供给，连续爆炸的次数增加，间隔时间短；灾区瓦斯源不够充足，通风不良时，也可产生连续爆炸，但间隔时间延长。

（3）瓦斯连续爆炸也容易引起煤尘爆炸的连锁反应，使组织自救互救更加复杂、困难。

3.煤矿矿尘爆炸事故特征

（1）矿尘爆炸事故大多是伴随瓦斯爆炸而发生，单独的矿尘爆炸事故发生较少。

（2）矿尘爆炸时产生一氧化碳浓度很高，一般为1%～2%，有时可达到7%～8%，甚至达10%以上，温度可达到2300～2500℃。

（3）爆炸冲击波（可达到2340 m/s）会将巷道中的落尘吹扬变为浮尘，容易发生连续爆炸，其时间间隔极短。

二、自救互救的一般要求和方法

（1）事故地点附近的人员在保证自身安全的前提下，迅速利用就近电话或其他方式向矿调度室报告事故情况，并迅速向事故可能波及的区域发出警报。

（2）灾害发生时一定要镇静清醒，不要惊慌失措、乱喊乱跑。无论能否撤离，均要正确佩用好自救器。若无自救器，要闭住气暂停呼吸，用湿毛巾捂住口鼻，防止把火焰吸入肺部。

（3）遇险人员要在现场跟班干部、班队长、瓦斯检查员或有经验的老工人带领下，找准方位，沿避灾路线迅速撤退到新鲜风流中。如因灾害破坏了巷道中的避灾路线指示牌、迷失了行进的方向时，遇险人员应朝着有新鲜风流通过的巷道方向撤离。在撤离沿途和所经过的巷道交叉口，应留设指示行进方向的明显标志，以提示救援人员。在撤离途中听到或感觉到爆炸声或有空气震动冲击波时，应立即背向声音和气浪传来的方向，脸向下，双手置于身体下面，闭上眼睛，迅速卧倒，头部要尽量低，有水沟的地方最好躲在水沟边上或坚固的掩体后面，用衣服将自己身上的裸露部分尽量遮盖，以防火焰和高温气体灼伤皮肤。若巷道破坏严重，无法判明撤离是否安全时，或唯一的出口被封堵无法撤离时，可以先到新鲜风流或支护较完整的地点躲避等待救援。

（4）当不能及时撤离时，要背向空气颤动的方向，俯卧倒地，面部贴在地面。用衣物盖住身体，尽量减少肉体暴露面积，以减少烧伤。

（5）硐室避难时，应在硐室外留设文字、衣物、矿灯等明显标志，以便于救援人员实施救援。进入硐室后，开启压风自救系统，可有规律地间断地敲击金属物、顶帮岩石等方法，发出呼救联络信号，以引起救援人员的注意，指示避难人员所在的位置。待救时，要保持安静，不急躁，尽量俯卧于巷道底部，以保持精力、减少氧气消耗，并避免吸入更多的有毒有害气体。硐室内只留设一盏矿灯照明，其余关闭，以备再次撤离时使用。

（6）现场自救和互救应注意：首先对自己进行有效的自救；在互救前应确认现场安全后，方可实施互救工作；在互救时应按“三先三后”（即“先抢救生还者，后抢救已死亡者；先抢救伤势较重者，后抢救伤势较轻者；对于窒息或心跳、呼吸停止不久、出血和骨折的伤员，先止血、复苏和固定，然后搬运”）的原则进行互救处理。

三、重点部位（或重点环节、重点时段）的自救互救

（1）掘进工作面发生瓦斯、矿尘爆炸后，若掘进巷道和支架基本未破坏，遇险矿工未直接受伤害或受伤不重时，应立即佩用好自救器，同时协助附近的伤员佩用好自救器迅速撤出灾区，到达新鲜风流中。对于不能行走的伤员，靠近新鲜风流 30～50 m 范围内的，要设法抬运到新鲜风流中，安置在临时避难硐室或视伤情和周围环境情况决定进一步的自救互救措施。撤出灾区后，要立即向矿调度室报告。

爆炸后，掘进巷道遭到破坏，退路被阻，但遇险矿工受伤不重时，应佩用好自救器，千方百计疏通巷道，尽快撤到新鲜风流中。如巷道

难以疏通，应坐在支护良好的顶板下面，或利用一切可能的条件建立临时避难硐室，被困者要互相安慰、稳定情绪、保存体力等待救助，并有规律地敲击管路或岩石，发出求救信号，在敲击管路或岩石之前，应注意检查瓦斯。对于受伤严重的矿工也要为其佩用好自救器，使其静卧待救，利用压风管道、风筒等改善避难地点的生存条件。

掘进工作面外的工作人员，如果未受到伤害要积极投入抢救之中：一是立即向现场领导和矿调度室报告灾情；二是对伤员进行抢救，抢修供灾区使用的通风设施；三是阻止无任何救援装备和防护条件的矿工盲目进入灾区抢险，以免造成事故扩大。

（2）采煤工作面发生瓦斯爆炸后的自救与互救措施。如果进回风巷道没有冒落堵死，通风系统破坏不大，所产生的有害气体较易被排除。这种情况下，采煤工作面进风侧的人员一般不会受到严重伤害，回风侧的人员要迅速佩用自救器，经最近的路程撤至新鲜风流地区。

如果爆炸造成严重的塌落冒顶，通风系统被破坏，爆炸源的进、回风侧都会积聚大量的一氧化碳和其他有害气体，该范围的所有人员都有发生一氧化碳中毒的可能。因此，爆炸后，没有受到严重伤害的人员，也需要立即佩用好自救器。在进风侧的人员要逆风撤出，在回风侧的人员要设法经最近的路线，撤退到新鲜风流中。如果由于冒顶严重无法撤离时，首先要把自救器佩用好，并协助重伤员佩用好自救器在较安全地点待救。附近有独头巷道时，也可进入暂避，并尽可能用木料、风筒等建造封闭良好的临时避难场所，并把矿灯、衣物等明显的标识物，挂在避难场所外面最明显的地方，然后进入室内待救。

四、案例

［案例一］2009年2月22日凌晨2时22分，某矿南四采区12403工作面区域发生了瓦斯爆炸事故。事故当班下井人员436人，经紧急救

援和矿工的自救互救，358人脱险升井，78人遇难。由于该矿矿工经常进行安全生产培训和教育，具有较强的安全知识和意识。在事故发生后，巷道里布满有毒有害气体，当班矿工纷纷戴上自救器，在区队干部的指挥下，互相帮助，互相支持，一大批矿工安全撤离到了井上，有效地避免了更多伤亡。

［案例二］2008年7月5日11时20分左右，山西大同某矿发生一起瓦斯爆炸事故，事故造成21名矿工死亡，7名矿工自行升井，另有4名矿工由救护队救出。其中有1名老工人在事故发生后向外撤离的过程中，发现前面烟雾大而呼吸困难，看到附近有一摊水，便及时俯卧在地，面部贴于地面，并用水煤泥糊住面部，隔绝了有毒有害气体的侵蚀，通过科学的自救保住了自己的生命。

第三节　煤矿煤与瓦斯突出事故的自救与互救

一、事故征兆识别和事故特征

1.煤矿煤与瓦斯突出事故征兆

1）有声征兆

（1）煤层中有煤炮声，煤层变形发出劈裂声、鞭炮声、机枪声、闷雷声或远处的雷鸣声，声音由远到近、由大到小，间隔时间的长短也不一致。

（2）支架折断声。发生突出前，因顶板压力突然增大，支架出现嘎嘎响声，发出劈裂折断声。

（3）煤层或岩层的破裂声。有时煤层内出现破裂，引起煤壁震动、开裂响声等。

2）无声征兆

（1）煤层构造方面表现为煤层层理紊乱，煤体变软、暗淡无光、变干燥、无光泽、易粉碎。

（2）煤层受挤压褶曲，倾角变大、变陡，煤层突然增厚或变薄，煤层破坏严重并常伴随断层出现等。

（3）矿压显现方面表现为压力增大，使支架变形、断裂，煤壁外鼓、片帮、掉渣，顶、底板出现凸起，炮眼变形，打钻时垮孔、顶钻、夹钻杆、钻机过负荷等。

（4）瓦斯涌出异常、忽大忽小，煤尘增大，空气气味异常，气温异常，打钻喷瓦斯、喷煤粉等。

上述突出征兆并非每次突出时都会出现，很可能只出现其中的一种或几种。

2.煤矿煤与瓦斯突出事故特征

（1）煤与瓦斯突出易发生在采掘工作面，其中大多数发生在掘进工作面的上山掘进头、煤层平巷及石门揭煤时，特别是石门揭煤时，突出强度最大，次数最多；地质构造变化的地区；煤层厚度变化的地区；围岩致密而干燥的厚煤层；采掘工作形成的应力集中地带等。

（2）突出孔洞呈口小腔大的梨形、倒瓶形以及分岔形等。突出的煤向外抛出距离较远，具有分选现象，堆积角小于煤的自然安息角，破碎程度高，含有大量的块煤和手捻无粒感的煤粉。

（3）有明显的动力效应，其突出可造成供水、供电、压风、通风、支护、运输等系统和设施、设备的损坏，巷道破坏，灾区坍塌，底鼓及堵埋人员、积水涌出等。

（4）瓦斯来源充足，并且瞬间涌出很大、浓度很高。不但能顺风向回风方向蔓延，而且能逆着风流向进风方向蔓延，甚至逆流到进风井。

（5）突出的瓦斯能形成冲击气浪破坏通风系统，突出的煤岩能堵塞巷道，因而造成通风系统混乱，风流方向紊乱，可使灾区和受影响区内人员因缺氧而窒息，在突出附近的人员可能被突出的煤岩卷埋，不利于人员的撤离和救灾。

（6）突出的瓦斯开始时不会爆炸，但在一定供氧条件下可能遇火源引起燃烧。如果通风供氧使瓦斯浓度降到爆炸界限以内，遇火源会引起爆炸。

二、自救互救的一般要求和方法

（1）现场跟班队长、跟班干部要立即组织人员正确佩用好自救器，引领人员迅速沿进风侧撤至新鲜风流中。

（2）在第一时间向矿调度室报告事故地点和现场灾害情况，并迅速向事故可能波及的区域发出警报。

（3）安全撤离时要正确佩用好自救器。撤离时要快速、镇静、有序、低行。要注意均匀的行走节奏，严禁小跑或大步前进，防止吸气过量，造成人员窒息。要均匀呼吸，不能用力吸气，防止出现意外窒息事故。

（4）如巷道中的避灾路线指示牌破坏或遗失时，撤退人员应朝着有风流通过的巷道方向撤退。

（5）在撤退沿途和所经过的巷道交叉口，应留设指示行进方向的明显标志，以提示救援人员的注意。

（6）在撤退途中，如果退路被堵或自救器有效时间不够，可到矿井专门设置的井下避难所或压风自救装置处暂避。

（7）如附近没有避难硐室，要寻找有压缩空气管路的巷道、硐室躲避。在确定无瓦斯爆炸的前提下，要设法将压风管子的螺丝接头卸开，充分利用压风空气，延长避难时间。要在避难处外设置标识，有规律地不间断敲击金属物、顶帮岩石，发出呼救联络信号，以引起救援人员的注意，指示避难人员所在的位置。

（8）在撤退途中听到或感觉到爆炸声或有空气震动冲击波时，应立即背向声音和气浪传来的方向，脸向下双手置于身体下面，闭上眼睛迅速卧倒，头部要尽量放低。有水沟的地方要躲在水沟边上或坚固的掩体后面，用衣服或其他不易燃物件将自己身上的裸露部分尽量遮盖，以防火焰和高温气体灼伤皮肤。

三、重点部位（或重点环节、重点时段）的自救互救

1. 发现煤与瓦斯突出征兆时的自救与互救措施

（1）在采煤工作面发现有突出预兆时，要以最快的速度通知人员迅速向进风侧撤离。撤离中快速打开自救器并佩用好，迎着新鲜风流外撤。如果距离新鲜风流太远时，应首先到避难场所或利用压风自救系统进行自救。

（2）掘进工作面发现煤与瓦斯突出的预兆时，必须向外迅速撤至防突反向风门之外，并把防突风门关好，然后继续外撤。如自救器发生故障或佩用自救器不能安全到达新鲜风流时，应在撤出途中到避难场所或利用压风自救系统进行自救，等待救援队救援。

2. 发生煤与瓦斯突出事故后的自救与互救措施

（1）立即佩用好自救器，并迅速沿进风侧外撤。

（2）在撤退途中，如果退路被堵或自救器有效时间不够，可到矿井专门设置的井下避难场所或压风自救装置处暂避，也可寻找有压缩空气管路的巷道、硐室躲避。这时要设法将压风管子的螺丝接头卸开，充分利用压风空气，延长避难时间，并设法与外界保持联系。同时，在避难处外设有明显标志，等待救援人员抢救。

（3）新鲜风流区域的人员要主动正确参加救护工作：

瓦斯突出事故波及范围比较大，如果灾区停电无被水淹的危险，应远距离切断电源。严禁任何人在瓦斯超限有爆炸危险的现场停、送电，防止产生火花引起爆炸。如灾区因停电有被淹危险时应加强通风，特别要加强电气设备处的通风，做到运转的设备不停电、停电的设备

不送电。

在灾情之外的人员，发现突出事故发生后要通过电话或其他通信方式向领导或矿调度室报告灾情，阻止不佩用防护装备的人员进入灾区。对灾区内距离新鲜风流近的人员进行抢救时必须佩用自救器。

四、案例

［案例一］某矿11时15分发生煤与瓦斯突出，突出煤矸量5000 t，瓦斯量700000 m^3，通风设施破坏，井下到处弥漫着高浓度瓦斯，当时井下作业的100多人受到严重威胁，其中34名遇险者被堵在突出灾区。在这生死关头，有人想到他们附近有2个压风管阀门，便立即打开阀门，新鲜空气通过压风管阀门“嘶嘶”地供给他们呼吸，34人围坐在压风管阀门周围，等待救援。同时，在这附近有一台直通地面调度室的防爆电话，通过这台电话，他们与地面取得了联系，并向地面调度室呼救，并将关键信息传送出：“我们现在全靠压风供氧，千万不要停压风机。”调度室及时回话安慰他们：“我们保证压风机正常运转，现在已经召请了全省很多救护队，请你们克服困难再坚持一会儿。”遇险者听到地面同志们的安慰，增加了克服困难的决心。地面抢险指挥部得知被堵在灾区的几十名遇险者还活着，就立即调集救护力量尽快打通进入灾区的通道。于下午4时15分，遇险者全部被救出。

［案例二］1998年6月，淮南某矿6号运煤石门掘进工作面发生一起煤与瓦斯突出事故，突出瓦斯量12600 m^3，煤岩量650 t。当日12时18分，专职瓦斯检查工王××在6号运煤石门口以北5 m钻窝处，突然听到6号运煤石门掘进迎头人员尖声喊叫、风筒剧烈抖动声，并从6号运煤石门内传来“扑扑”声。于是想到迎头去看看情况，但刚站起便感到腿发软，有被熏感觉，同时有一股强气流从里面向外推动，便意识到可能发生了事故。随即向外撤离，并组织将5号运煤石门以北的3名

钻工及在6号运煤石门外的8名矿工全部撤离事故现场，后又跑到附近的变电所打电话，向矿调度室汇报。矿领导立即安排停电撤人，组织抢救。后矿山救护队经过3昼夜的奋力抢救，1名被堵在灾区内人员被救护队救出，2人遇难。在这次事故中，专职瓦斯检查员在危险时刻，能冷静地组织突出区域附近人员及时撤离事故现场，挽救了11人的生命，减少了灾害损失。

第四节 煤矿透水事故的自救与互救

一、事故征兆识别和事故特征

1.煤矿透水事故征兆

（1）煤层发潮、发暗。由于水的渗入，使得煤层变得潮湿、暗淡。如果挖去表面一层，里面仍如此，说明附近有积水。

（2）巷道壁或煤壁“挂汗”。具有一定压力的水透过煤岩体的细微裂隙而在采掘工作面煤岩壁上凝结成水珠的现象，称为“挂汗”。透水预兆中的“挂汗”与其他原因造成的“挂汗”有所不同。透水预兆中顶板“挂汗”多呈尖形水珠，有“承压欲滴”之势；而煤炭自然发火预兆中的“挂汗”为水蒸气凝结于煤岩壁上所致，多为平形水珠；另外，井下空气中的水分遇到低温的煤岩体时，也可能凝结成水珠。区别“挂汗”现象是否为透水预兆的方法是剥离一层煤壁面，仔细观察所暴露的煤壁面上是否潮湿，若潮湿则是透水预兆。

（3）工作面温度降低，煤壁发凉。采掘工作面接近有水区域时，温度会骤然下降、空气变冷，人进入后有凉爽、阴冷的感觉。但应注意，受地热影响大的矿井，地下水的温度较高，当采掘工作面接近积水温度较高的积水区时，煤岩壁的温度和空气的温度反而升高。

（4）煤壁“挂红”。这是因为当积水中含有铁的氧化物时，煤岩壁上所挂之“汗”呈暗红色，故称为“挂红”。一般这是接近老窑水的征兆。

（5）发出水叫声。含水层或积水区内的高压水在向煤壁裂隙挤压时，与煤壁摩擦会发出“嘶嘶”声响，说明采掘工作面距积水区或其他水源已经很近，若是煤巷掘进，则透水即将发生。

（6）出现雾气。当采掘工作面气温较高时，从煤岩壁渗出的积水就会被蒸发而形成雾气。

（7）工作面有害气体增加。这是因为积水区常常有瓦斯、二氧化碳、硫化氢等有害气体逸散出来的缘故。

（8）顶板来压，淋水加大，如落雨状，底板鼓起或产生裂隙并出现渗水。

（9）出现压力水流（或称水线）。这表明离水源已经较近，应密切注意水流情况。若出水浑浊，说明水源很近；若出水清净，则水源尚远。

（10）打钻时发觉钻孔底松软或钻孔有水流出，说明接近透水区。

上述征兆，并不是每次突水前都会全部出现，有时可能发现一个或几个，极个别情况甚至不出现。因此，必须密切注意，认真分析。

2.煤矿透水事故特征

（1）井下易发生透水事故的地点是采煤、掘进工作面。突水水源有地表水、地下水或老空积水，导水通道有断层、陷落柱、封闭不良钻孔、采动形成的冒落裂隙带、废弃的井巷。

（2）突水会造成井下人员伤亡，对原有排水设施、通风系统、供电系统、井巷等造成损坏，能导致塌方和围岩失稳，会对自救互救造成很大的影响。

（3）突发积水区常常有瓦斯、二氧化碳、硫化氢等有害气体逸散出来，在自救互救时，需加强防护。

（4）避难地点比外部水位高时，遇险人员可能生存。突水直接涌入位于突水点下部的巷道（如平巷、下山等），并把它们淹没，一般情况下，这些地点不会有空气存在，也就不具备人员生存的条件，误入这些地点避灾的人员，将无生还可能，但如人员躲在高冒处，有可能生还；当突水点下部巷道全断面被水淹没后，与该巷相通的独头上山等上部独头巷道，如不漏气，即使低于外部最高水位，也不会全部被水淹没，仍有空气存在。

二、自救互救的一般要求和方法

（1）井下发生突水事故时，井下工人应听从班组长的统一指挥，按预先安排好的撤退路线进行撤离，不要惊慌失措、各奔东西。万一迷失方向，必须朝有风流通过的上山巷道方向撤离。

（2）事故发生后，如果有人受伤，应迅速抢救搬运到安全地点，进行现场急救。

（3）如突水事故发生并有瓦斯等有毒有害气体涌出可能时，应采取措施，及时佩用自救器或用湿毛巾掩住口鼻等，以防中毒或窒息。

（4）当井下人员发现撤离通路已经被突水隔断，迅速进入附近硐室或撤至位置最高处避难，等待救援。

（5）避难时，应清醒沉着，不要慌乱，尽量避免体力消耗，合理安排值班、饮食、用灯等，有规律敲击以发出呼救信号，设置挡墙或风帘以阻止涌水或有害气体的侵入。

（6）应尽快通过各种途径向井上、井下报告和通报，以便迅速采取相应的应急处置措施。

三、重点部位（或重点环节、重点时段）的自救互救

1.发生突水事故时的自救互救

（1）在突水迅猛、水流急速的情况下，现场人员应立即避开出水

口和泄水流，躲避到硐室内、拐弯巷道或其他安全地点。如情况紧急来不及转移躲避时，可抓住棚梁、棚腿或其他固定物体，防止被涌水打倒和冲走。

（2）应在可能的情况下，迅速观察和判断突水地点、突水种类及涌水程度。加强对气体的检测，若是老空水涌出，使所在地点的有毒有害气体浓度增高时，救援人员应佩用氧气呼吸器。在未确定所在地点的空气成分能否保证人员的生命安全时，禁止任何人随意摘掉自救器的口具和鼻夹，以免中毒窒息事故发生。

（3）突水后，严禁任何人以任何借口冒险进入灾区。否则，不仅达不到抢险救援的目的，反而会造成自身伤亡，扩大事故。

（4）水害事故发生后，现场及附近地点工作的人员在脱离危险后，应在尽可能的情况下迅速观察和判断突水的地点、涌水的程度、现场被困人员的情况等并立即报告矿调度室。同时，应利用电话或其他联络方式及时向下水平和其他可能受到威胁区域的人员发出警报通知。

2.撤离灾区时的自救互救

（1）现场跟班队长、跟班干部要立即组织人员按避灾路线安全撤离到达新鲜风流中。

（2）撤离前，应设法将撤退的行动路线和目的地告知调度室，到达目的地后再报调度室。

（3）在条件允许的情况下，必须迅速撤往突水点以上水平，避免进入突水点附近及独头巷道。

（4）若逆水流行进时，应靠近巷道一侧，抓牢支架或其他固定物体，尽量避开压力水头和泻水主流，并注意防止被水中滚动的矸石和木料撞伤。

（5）如因突水后破坏了巷道中的避灾路线指示牌、迷失了行进的方向时，撤退人员应朝着有风流通过的上山巷道方向撤退。

（6）在撤退沿途和所经过的巷道交叉口，应留设指示行进方向的明显标志，以提示救援人员的注意。

（7）撤退巷道如是立井，在上下时，应保持好次序，不要慌乱和争抢，切实注意自己和他人安全。

（8）撤退中，如因冒顶或积水造成巷道堵塞，可寻找其他安全通道撤出。在唯一的出口被封堵无法撤退时，应在现场管理人员或有经验的老工人的带领下进行灾区避灾，以等待救援人员的营救，严禁盲目潜水等冒险行为。

3. 灾区避难时的自救互救

（1）来不及撤退时，应迅速进入附近预先构筑的避难硐室或快速建造临时避难硐室。必要时，可设置挡墙或防护板，阻止涌水、煤矸和有害气体的侵入。

（2）进入避难硐室前，应在硐室外留设文字、衣物、矿灯等明显标志，以便于救援人员及时发现进行营救。

（3）重大水害的避难时间一般较长，应节约使用矿灯，合理安排随身携带的食物，保持安静，尽量避免不必要的体力消耗和氧气消耗，采用各种方法与外部联系。长时间避难时，避难人员要轮流担任岗哨，注意观察外部情况，定期测量气体浓度。其余人员均静卧保持精力。避难人员较多时，硐室内可留一盏矿灯照明，其余矿灯应关闭备用。

（4）在硐室内，可有规律地间断地敲击金属物、顶帮岩石等方法，发出呼救联络信号，以引起救援人员的注意，指示避难人员所在的位置。

（5）在任何艰险的情况下，所有避难人员都要坚定信心，互相鼓励，保持镇定的情绪。

（6）被困堵期间断绝食物后，尽量少饮或不饮不洁净的水。需要饮用井下水时，应选择适宜的水源，并用纱布或衣服过滤，以免造成身体损伤。

（7）长时间避难后，发觉救援人员来到时，应避免过度兴奋和慌乱。得救时，不可吃硬质和过量的食物，要避开强烈的光线，以防发生意外，造成不良后果。

四、案例

［案例一］2010年3月28日13时12分，山西某矿20101回风巷掘进工作面发生了透水事故。整个矿井有153人被困，经8天8夜的抢险救援，115名矿工被营救出井，38名矿工遇难，创造了生命的奇迹和救援的奇迹。而创造这个奇迹不仅仅是地面有效有力的指挥、科学有序的救援、几千名救援队员的奋力抢救，而更多的是115名遇险矿工的顽强自救、科学自救：

（1）透水事故发生后，工友们不是顺着来水的方向跑，而是向巷道两边的高处跑。有些工友拉成人墙，踩在带式输送机上向高处撤离。

（2）在中央回风大巷的10多名工人在向高处跑的过程中，由于水势凶猛，有9名矿工及时攀爬住了锚杆、锚网，并用工装皮带、裤腰带等将自己身体绑在了锚杆、锚网上。同时，轮流值班，隔一段时间互相叫醒。坚持了3天后，巷道内顺水漂来了5辆矿车，9名工友分别跳上两辆矿车，摆脱了水浸之苦。他们蜷缩在矿车上互相取暖、互相鼓励，在矿车上漂了5天，于4月4日晚被成功营救出井。

（3）在中央辅助运输大巷里，在大水袭来时，有六七十人爬到了一处几十平方米、地势较高的平面上。而在相邻的中央带式输送机运输大巷里，工友们利用随身带的炸药炸开了两个巷道间4 m厚的密闭，会合后一共有106人，同时也形成了一个通风道。一些工友还在地势较高的地方用钢架和网片搭起了高架，以防止水涨高。水位在下降时，工友们尝试用风筒、油桶、圆木、钢筋、铁丝等绑扎做成了七八个筏子，查看水位和待机撤离。

（4）4月2日，当地面实施准确钻孔救援时，一名叫龚长忠的工友趟过齐腰深的水，敲击了钻杆，并写了求救信息塞在自救器用铁丝将其绑在钻杆上，尽管没有成功，但敲击声及钻杆回收后上面缠绕的铁丝将遇险人员生命的信息传到了地面，激发了井下被困人员活下去的信心和井上救援人员加快救援速度的斗志。后来由于担心有瓦斯，怕敲击出火花而引起爆炸，也因为井下氧气不足，为保持体力，工友们不再趟水进行通过钻孔与地面联络，而坚守等待救援。

（5）避难期间，工友们合理安排随身携带的食物，实在没有吃的了，就靠喝水、吃纸片等坚持。他们对矿灯进行了收集和合理使用，每天轮流开几盏灯，保证井底照明。他们相互鼓劲，相互协作，相互帮助，老的帮助小的、体质好的帮助体质弱的、有经验的帮助没有经验的，共渡难关。“有组织不能乱”成为被困人员的主心骨和精神支撑，共产党员、区队长、班组长、有经验的老工人、瓦检员、安监员等发挥了重要作用，他们成立了现场自救组织，实施统一指挥，组织互救互助，组织轮流值班，组织矿灯使用管理，组织查看水位，组织建立高架和制作筏子，组织打开密闭，组织寻找和分配食物，组织做思想工作，组织与地面联络等，一直共同坚守了8天8夜的，于4月5日上午被营救出井。被困人员坚定的信念，顽强的意志和自救、互救的能力，也为抢险救援的成功创造了条件。

［案例二］ 2010年6月3日凌晨5时许，山西某矿发生透水事故，11名矿工被困。6月6日23时左右经紧急救援，6名矿工被成功营救出井，6月14日凌晨最后1名被困矿工被营救升井。此次事故造成4名矿工遇难。据第一批营救出井的工人回忆说，当发生事故时，他们（当时有7名矿工）迅速向井口方向撤离，但被迅猛的水堵了回来，他们就向一个比较高的联络巷跑去，在那里一直坚守了三天三夜，此时已听到几十米远的地方有排水救援的声音，一位年轻的矿工不冷静，说

是会游泳要游过去，却不听劝阻，冒险潜泳，结果遇难，其余6名矿工沉着冷静，一直坚守到水被排到能淌着过的时候成功脱困。被营救出的最后一名矿工是一名送饭工，透水事故发生后，他见前方水势汹涌而来，便及时躲进与该掘进巷道相垂直的一小材料巷道。向下山方向的突水没有覆盖到此巷道，却堵住了下方出口，这名矿工合理安排随身携带的食物，并喝矿井水充饥，一直坚守了11天11夜被营救出井。

［案例三］2007年8月16日4时50分，江西某矿一号井主井北运输大巷北上山25 m处发生透水事故，矿工聂某某和胡某某在一号井下巷道口运煤，突然发现水流从前面巷道喷涌而出，他们冷静快速地进行了分工，保持清醒的头脑临危不乱，胡某某奔向安全地点向调度室报告，告知灾情、遇险人员位置、人数、遇到的困难情况等；聂某某以最快的速度跑往井下工作面，抢在老塘水之前通知正在采煤的13名矿工立即撤退，指挥被困人员统一行动。此时，水已挡住了去路无法升井。聂某某组织13名矿工到巷道最高处绞车房躲避，并且鼓舞大家要树立坚定的信心，要相信党和救援人员，充分做好了思想工作，并指挥人员轮流值班，间断性地敲打压风供水管路，其余人员原地静卧休息保持体力并关闭矿灯，6时43分救护大队赶到了现场，经过33小时紧急救援，14名矿工全部脱险。

第五节　煤矿冒顶片帮、冲击地压事故的自救与互救

一、事故征兆识别和事故特征

1.煤矿冒顶片帮、冲击地压事故征兆

1）冒顶征兆

（1）顶板出现裂缝。顶板出现新的裂缝或原有裂缝逐渐加宽、

加深。

（2）顶板发出响声。顶板出现类似“嘎吱”“砰砰”等异常响声。

（3）顶板掉碴。小块的岩石从顶板上掉落。

（4）顶板下沉速度加快。通过设置在巷道内的测量仪器或肉眼观察，发现顶板下沉速度比平时明显加快。

（5）支架变形。液压支架的立柱、钢梁等部位出现弯曲、变形。

（6）其他方面。瓦斯涌出异常忽大忽小；井下空气温度突然升高，湿度增大。

2）片帮征兆

（1）煤壁片帮。煤壁的煤炭出现破碎、掉落的现象。

（2）煤壁变软。原本坚硬的煤壁变得松软，用工具挖掘时感觉阻力减小。

3）冲击地压征兆

（1）矿压显现方面。支架压力增大，支架立柱下缩量急剧增大，且这种压力变化很突然；煤壁片帮增多且片帮程度加剧，原本稳定的煤壁会出现大块煤体脱落的情况；顶板下沉速度加快、下沉量增大，顶板可能出现台阶下沉。

（2）煤岩结构变化方面。煤体中会发出闷雷声、爆竹声等异常声响，声音由远及近、由小变大；煤体结构发生变化，出现煤层层理紊乱、煤体变得疏松等现象，用手捏煤可发现煤体强度降低。

（3）其他方面。钻孔钻进时，动力现象明显增加，例如钻杆卡钻、顶钻，钻孔时的震动和声响也比正常情况大很多；巷道内会有粉尘突然增多的现象，这些粉尘主要是煤体受挤压、破碎产生的。

2.煤矿冒顶片帮、冲击地压事故特征

1）冒顶特征

（1）突发性。冒顶事故往往发生得很突然，让人难以防范。

（2）破坏性大。一旦发生冒顶，可能会导致巷道堵塞、设备损坏、人员伤亡等严重后果。

（3）影响范围广。冒顶可能会影响整个采掘工作面或一段巷道，不仅直接影响作业区域的人员和设备，还可能对通风、运输等系统造成破坏，影响整个矿井的生产。

2）片帮特征

（1）局部性。片帮通常发生在煤壁或巷道壁的局部区域。

（2）重复性。在某些情况下，片帮可能会反复发生，尤其是在煤质松软、地质条件复杂的区域。

（3）伴随其他现象。片帮往往伴随着煤壁松动、裂缝出现等现象，同时可能会引起瓦斯涌出异常、粉尘增多等问题。

3）冲击地压特征

（1）瞬间性。冲击地压发生的时间极短，通常在几毫秒到几十毫秒之间，瞬间释放出巨大的能量。

（2）冲击力强。产生的冲击力非常大，可以破坏巷道、设备和支护结构，甚至能将人员抛出。

（3）震感明显。会引起强烈的震动，井下人员能明显感觉到震动，如同小型地震。

二、自救互救的一般要求和方法

1. 一般要求

（1）保持冷静。事故发生后，一定要保持冷静，不要惊慌失措，以免做出错误的决策。

（2）及时发出求救信号。尽快利用一切可能的方式发出求救信号，如呼喊、敲打管道等，让救援人员能够及时发现自己的位置。

（3）做好自我保护。在等待救援的过程中，要尽可能做好自我保护，避免再次受到伤害。寻找安全的地方躲避，如坚固的支架下、巷道拐角处等。

（4）节约体力和资源。合理安排体力，避免不必要的活动，以延长生存时间。同时，要节约使用水、食物和氧气等资源。

2. 自救方法

1）被埋压时的自救

（1）如果被煤岩埋压，不要盲目挣扎，以免消耗体力。尽量保持呼吸畅通，清除口鼻中的煤尘。

（2）利用身边的工具，如铁锹、镐等，尝试挖掘通道，但要注意不要破坏周围的支护结构，以免引起再次坍塌。

（3）如果无法自行挖掘，可以通过呼喊、敲打等方式向外界传递信号，等待救援。

2）受伤时的自救

（1）如果受伤，要先进行简单的止血、包扎等处理，防止伤口感染和失血过多。

（2）对于骨折等重伤，要尽量保持受伤部位的稳定，避免移动造成二次伤害。

3. 互救方法

（1）发现被困人员时：①首先要确定被困人员的位置和周围环境的安全情况，避免在救援过程中发生二次事故；②可以利用工具清理被困人员周围的煤岩，但要小心操作，防止伤害到被困人员；③给被困人员提供水、食物和氧气等，维持其生命体征。

（2）搬运受伤人员时：①要根据受伤人员的伤势选择合适的搬运方法，如单人搬运、双人搬运等；②在搬运过程中，要注意保持受伤人员的身体稳定，避免颠簸和震动；③如果伤势较重，应尽快将受伤人员送往井口，等待专业医疗救援。

三、重点部位（或重点环节、重点时段）的自救互救

1.发生冒顶片帮、冲击地压事故时的自救互救

（1）冷静判断。事故发生后，首先要保持冷静，迅速判断自己所处的位置和周围环境的安全状况。观察是否有继续坍塌的危险，以及是否有足够的空间可供躲避。

（2）寻找掩体。尽快寻找坚固的掩体，如液压支架、巷道壁的拐角处等。如果被埋压较浅，可以尝试自行清理身边的煤岩，扩大生存空间，但要注意避免引起再次坍塌。

（3）发出信号。利用一切可能的方式发出求救信号，如呼喊、敲打管道、晃动矿灯等。让救援人员能够尽快确定自己的位置。

（4）保存体力。在等待救援的过程中，要尽量减少不必要的活动，保存体力。可以适当调整姿势，让自己处于较为舒适的状态。

（5）自我保护。如果有受伤情况，要及时进行简单的止血、包扎等自我处理。用衣物、毛巾等捂住口鼻，防止吸入过多的粉尘。

（6）确认安全。在进行互救前，要先确认周围环境的安全，避免在救援过程中发生二次事故。观察顶板、煤壁等是否稳定，如有危险应及时采取支护措施。

（7）确定位置。通过呼喊、倾听等方式确定被困人员的位置。可以利用工具探测被困人员的具体情况，如是否有生命迹象、受伤程度等。

（8）小心施救。在救援过程中，要小心谨慎地清理被困人员周围的煤岩，避免对其造成二次伤害。可以多人协作，采用正确的挖掘方法，确保救援工作的安全有效。

（9）提供帮助。将被困人员救出后，要及时为其提供水、食物、氧气等，维持其生命体征。对受伤人员进行简单的急救处理，如止血、包扎、固定骨折部位等。

（10）及时报告。在救援过程中，要及时向矿调度室报告事故情况和救援进展，以便上级部门能够及时组织更多的救援力量。

2.撤离灾区时的自救互救

（1）保持冷静。事故发生后，不要惊慌，保持头脑清醒，以便做出正确的判断和决策。

（2）观察环境。迅速观察周围环境，判断冒顶、片帮的范围和程度，以及可能的撤离路线。注意避开危险区域，如正在坍塌的地方、有明显裂缝的顶板下方等。

（3）佩用自救装备。如果有自救器，应立即佩用好，确保自身呼吸安全。同时，尽可能穿戴好安全帽、防护手套等个人防护装备。

（4）选择撤离路线。根据对环境的观察，选择相对安全的撤离路线。一般来说，应选择顶板稳定、通风良好、没有明显危险的通道。如果可能，尽量沿着有标识的安全通道撤离。

（5）快速行动。在确定撤离路线后，要迅速行动，尽快离开灾区。但要注意行动的节奏，避免过度疲劳或因匆忙而导致意外受伤。

（6）注意安全。在撤离过程中，要时刻注意周围的安全状况。观察顶板、煤壁是否有新的变化，如有异常应及时采取避险措施。同时，要注意脚下，避免被杂物绊倒。

（7）发现被困人员。如果在撤离过程中发现被困人员，应立即采取救援行动。首先要判断被困人员的位置是否安全，如有危险应先进行必要的支护和加固。

（8）提供帮助。向被困人员提供必要的帮助，如传递自救器、食物和水等。如果被困人员受伤，应进行简单的急救处理，如止血、包扎等。

（9）协助撤离。帮助被困人员选择合适的撤离路线，并协助他们尽快离开灾区。在撤离过程中，要注意保护被困人员的安全，避免再次受到伤害。

（10）互相照应。在撤离过程中，大家要互相照应，共同应对各种困难和危险。如果有人遇到困难，其他人应及时伸出援手，共同克服困难。

（11）报告情况。在撤离到安全区域后，应及时向有关部门报告事故情况和被困人员的情况，以便组织进一步的救援行动。

3. 灾区避难时的自救互救

（1）选择安全地点。尽快寻找一个相对安全的避难地点，如坚固的支架下、巷道拐角处等。这些地方能够提供一定的保护，减少被再次伤害的风险。

（2）保持冷静。在避难过程中，要保持冷静，不要惊慌失措。过度的紧张和焦虑会消耗体力，影响判断力。

（3）节约资源。合理使用避难所内的资源，如食物、水和氧气等。尽量减少不必要的活动，以降低身体对资源的消耗。

（4）发出信号。利用一切可能的方式发出求救信号，如敲打管道、呼喊等。让救援人员能够尽快发现自己的位置。

（5）自我保护。如果有受伤情况，要及时进行简单的自我处理，如止血、包扎等。同时，要注意保暖，避免因低温导致身体虚弱。

（6）互相鼓励。在避难地点，大家要互相鼓励，保持积极的心态。共同面对困难，增强生存的信心。

（7）分享资源。如果有人携带了较多的资源，如食物和水等，可以在大家之间进行合理分配，确保每个人都能维持基本的生存需求。

（8）照顾伤员。对受伤的人员要给予特别的照顾，及时进行急救处理。如果伤势较重，要尽量让其保持舒适的姿势，等待救援。

（9）观察环境。轮流观察避难地点周围的环境变化，如是否有新的坍塌迹象、是否有救援人员靠近等。及时将观察到的情况告知大家，以便做出相应的决策。

（10）配合救援。当听到救援人员的声音或看到救援信号时，要积极配合救援工作。按照救援人员的指示行动，确保安全撤离。

四、案例

［案例一］2009年6月12日凌晨5时20分，大同某矿14–3号煤层303盘区2309巷道发生顶板垮塌事故，有8名矿工被困。经过60 h全力营救，6月14日下午6时05分8名被困矿工全部安全脱险。被困期间，现场干部立即有组织地展开自救工作，在未垮塌区的7 m范围内构筑自救通道，并利用冒落物砌筑了2.5 m左右的顶板支护墙；用安全帽储备了钻机用水备用；利用8盏矿灯，轮流照明；所有人员轮流警戒，其他人员避免剧烈运动，减少体力消耗；被困人员间相互鼓励，预防发生情绪失控；在顶板安全可靠下方静坐等待救援；通过简单的联系方式（敲击管路和通过营救钻孔喊话），积极与营救人员取得联系，为营救人员及时提供掘进救援的数据，有效配合了外部救援。

［案例二（国外矿山事故自救互救案例）］2010年8月5日，全球最大产铜国智利，北部圣荷西金一家重开的铜矿发生塌方事故，井下688 m处，有33名矿工被困。经过长达69天的紧急救援，从10月13日上午11时左右到10月14日上午9时左右，33名被困矿工顺利升井。发生坍塌事故后，33名矿工自发组织起来，积极与地面救援人员取得联系。一名经验丰富的老矿工担任了领导者的角色，他指挥大家用一辆汽车的蓄电池为头灯充电，用手头的机械寻找水源。在耐心等待救援的同时，矿工们还积极协助救护工作。一位名叫约翰尼·贝利奥斯的

矿工成了井下临时医生，他负责为同伴抽血和采集尿液样本，再通过专门传递设备送到地面。在挖掘过程中，矿工们还帮助清理井下碎石。坚定信念和乐观心态成为支撑所有矿工挺过艰难的精神支柱。他们尝试各种娱乐方式调整心情：玩纸牌、多米诺骨牌和掷骰子游戏，用音乐播放器听音乐，用小型高清摄像机记录井下生活……。尽管井下困难重重，但在确定出井顺序时，矿工们争做最后一个。有关专家指出，过硬的心理素质和冷静的头脑，是他们最终被成功营救的保障。

第六节　煤矿提升运输事故的自救与互救

一、事故征兆识别和事故特征

矿井提升运输事故发生在矿井的提升运输环节，主要包括卡罐、坠罐、跑车、吊桶翻转以及带式输送机和刮板输送机事故。

1.煤矿提升运输事故的征兆

（1）设备运行发出异常声响，提升机、绞车等设备在运行过程中发出不正常的噪声，如摩擦声、撞击声、尖锐的啸叫声等。

（2）设备振动加剧。当提升机、绞车等设备出现明显的振动时，可能是设备安装不牢固、部件失衡、轴承损坏或传动系统故障等原因引起的。

（3）温度异常升高。提升机的电机、减速器、制动器等部件在运行过程中温度异常升高，可能是过载运行、散热不良、润滑不足或部件损坏等原因引起的。高温会使设备性能下降，甚至引发火灾等严重事故。

（4）速度异常变化。提升机、绞车等设备的提升速度或下放速度突然加快或减慢。

(5) 电气设备故障报警。提升机、绞车等设备的电气控制系统通常会设置各种故障报警装置，如过流报警、欠压报警、接地故障报警等。当出现这些报警时，需要及时检查和处理电气系统的故障，以防止事故发生。运输车辆的电气系统也可能出现故障报警，如电机故障、电池电量不足等，需要及时进行维修或更换。

(6) 电气设备异味。电气设备在运行过程中，如果散发出烧焦、刺鼻的异味，可能是绝缘损坏、短路或过载引起的。异味是电气故障的明显信号，需要立即停机检查，排除故障。

2. 矿井提升运输事故的特点

(1) 卡罐后使罐内人员被困井筒，可能由于突然停止发生撞击造成伤害，有的可能进一步发生坠罐事故。坠罐是矿井提升运输中发生较多的一种事故。对乘坐人员的伤害是向罐笼底部的强烈冲击，可造成人员死亡或腿部骨折等创伤。

(2) 斜井跑车失控后，除会造成车内人员创伤或死亡外，也可能撞击井底人员造成伤亡事故。

(3) 吊桶在运行中翻转，在乘坐吊桶时人员系好保险带、挂上保险钩的情况下，不会坠落井底，一般不会出现严重伤害。

(4) 带式输送机和刮板输送机事故危险主要是机械伤害、触电、火灾等。

二、自救互救的一般要求和方法

(1) 发生事故后，现场人员要立即向总调度室报告。

(2) 事故单位的跟班队长发现事故或得到消息后，应及时赶到事故地点指挥或协助指挥应急处置。要采取措施对危险和危险因素进行控制，对受害人员进行有效的救助。

(3) 当发生轨道绞车提升运输事故时，迅速切断电源，专业人员要果断地采取措施，控制绞车的制动闸，及时切断电源，设置警戒标志。

（4）事故现场的人员应根据实际情况，开展积极有效的自救和互救。

（5）总调度室接到事故报告后，要及时做好车辆的调度和人员的接送工作，将伤员尽快运送到井口。信号工要按提升伤员的规定做好信号联络工作，及时将伤员运送到地面救治。

（6）对现场受伤人员采取临时包扎止血等操作，对骨折人员应采取先固定后搬运的急救措施，若人员器官或肢体受伤脱离躯干，应对受伤部分采取保护措施，以待后期处置。救护车到后由专业医护人员对伤员组织施救。

三、重点部位（或重点环节、重点时段）的自救互救

1. 罐笼墩罐时的自救与互救

墩罐是矿井提升运输中发生较多的一种事故。它对乘坐人员的损害是向罐笼底部的剧烈冲击，可造成腿部骨折等创伤。墩罐时乘坐人员的自救与互救措施是：

（1）当罐笼下降到停罐位置还不减速时，乘坐人员就要做好思想预备，采取措施防止墩罐对自己的损害。

（2）罐笼内人员较少时，乘罐人员应均匀分散于罐笼两侧，双手握紧罐内扶手，用力抓紧。这样，墩罐时就能够减少甚至避免罐笼运行产生的冲击力对人体，尤其是对腿部造成的伤害。

（3）罐笼内人员较多时，不能每人都能握住罐内的扶手。未握住扶手的人也应靠两边站，并抓住握扶手的人，还应将两腿弯曲。这样，墩罐时就可减轻对乘罐人员的损害。

（4）发生墩罐事故后，未受伤人员应马上在现场为创伤矿工进行

止血、包扎和骨折临时固定等紧急处理，并快速运输出并送到医院救治。

2. 罐笼断绳时的自救与互救

（1）乘罐人员发觉罐笼运行状况变化特别快时，如向上运行突然变为向下运行并减速停止，向下运行突然速度加快并减速停止，即可基本断定罐笼发生了断绳事故。

（2）在罐笼运行发生上述变化的过程中，乘罐人员应握紧罐笼内的扶手，不能握扶手的应抓住握扶手的人，以免罐笼快速停止时造成其他损害。

（3）罐笼由于保险装置的作用减速并停稳后，乘罐人员切不可在罐笼中来回奔跑、推拉，发求救信号应以呼叫为主，以保持罐笼的平衡。

（4）罐笼停止处不论是否靠近立井的梯子间，遇险人员都不要打开罐帽盖冒险进入梯子间。这样的坏处有：一是破坏罐笼的平衡，从而导致坠罐事故的发生；二是进入梯子间的过程中有很大的危险性，稍不小心将会摔入井筒底部。因此，乘罐人员必须冷静等待救援。

（5）救助断绳后罐笼中遇险人员的方法是：如罐笼停在靠梯子间这一边，可在对罐笼实行固定保险措施后，搭木板让遇险人员直接进入梯子间脱险；如罐笼停在另一边，可使另一罐笼到达停罐处，再实行相关措施将遇险人员撤离到营救罐笼上，然后提升出井。

3. 斜井人车断绳后的自救与互救

斜井人车都有断绳保险装置，断绳后会使人车自动停止下来，乘坐人员一般不会发生严重损害。乘坐人员的自救措施是：

（1）乘车人员发觉人车运行状况变化特别快时，如向上运行突然变为向下运行并减速停止，向下运行突然速度加快并减速停止，即可基本断定人车发生了断绳事故。

（2）在人车运行发生上述变化的过程中，乘坐人员应握紧车内的座椅靠背或扶手，以免人车快速停止时造成其他损害。

（3）在人车减速的过程中，乘车人员千万不能跳车。当人车停稳后，乘坐人员要马上下车。

（4）人车发生断绳事故后，跟车工应打乱点，发出事故信号，通知矿井有关人员及时组织抢救。

4.斜井人车掉道运行时乘坐人员的自救措施

斜井人车掉道后，由于绞车司机并不知道，因此不会停车，人车仍按原方向在轨道外运行。这时，乘车人员的自救措施是：

（1）人车掉道后，无论是向上还是向下运行，都会产生剧烈的震荡和颠簸。此时，跟车工应马上发停车信号。

（2）人车在轨道外运行时，乘车人员要握紧车内的座椅靠背或扶手，以防止或减轻人车颠簸对人体的损害。

（3）人车在运行时，不论震荡和颠簸多么厉害，乘车人员千万不能跳车。人车停稳后，乘车人员要马上下车。

5.钢丝绳皮带发生事故时乘坐人员的自救与互救措施

乘人钢丝绳皮带常发生的事故是断钢丝绳和断皮带。乘坐人员的自救与互救措施是：

（1）牵引钢丝绳断后，皮带会停止运行，但对乘坐人员不会产生损害。这时，乘坐人员脱离皮带，并通知有关人员进行处理。

（2）断皮带后，断口四周的乘坐人员会被皮带打伤和盖住。未受伤的人员应立即下皮带，到事故发生地点快速拉开皮带，救出打伤和盖住的人员，并依据创伤状况，在现场进行止血、包扎、骨折临时固定等急救处理。

（3）倾斜井巷皮带拉断后，乘坐人员不仅要快速下皮带，还要留意观看皮带的下滑状况，实行措施进行躲避，防止皮带下滑伤人。

6.倾斜井巷跑车时遇险人员的自救措施

（1）发生跑车事故后，会发出猛烈而特别的声响。这时，在倾斜井巷中行走或工作的人员，应马上进入躲避硐避灾。

（2）当来不及进入躲避硐时，若巷道为砌碹或锚喷支护，应靠巷道贴帮避灾；若巷道为架设的金属支架，应挤进支架贴帮避灾；若巷道很窄时，可抓住棚梁将身体向上收缩，使奔跑的车辆从下部通过。

（3）巷道中有水沟时，应趴在水沟中避灾；巷道中敷设管道时，应钻到管道下面贴巷道帮避灾。

四、案例

在某煤矿，矿工小李正在井下作业。突然，运输提升设备发生故障，小李所在的矿车在提升过程中卡住了。小李在事故发生的瞬间，首先保持了冷静。他没有惊慌失措，而是迅速观察周围的情况。他发现矿车虽然卡住了，但并没有明显的倾斜或不稳定的迹象。接着，小李检查了自己的装备，确保安全帽、矿灯等都佩用牢固。他用矿灯照亮周围，寻找可能的逃生途径。他发现旁边有一条维修通道，但通道口被一些杂物堵塞了。小李决定清理通道口的杂物。他小心翼翼地移动，避免引起矿车的晃动。经过一番努力，他成功清理出了通道口。然后，小李沿着维修通道缓慢前行。他时刻保持警惕，注意倾听周围的声音，判断是否有其他危险。在行走过程中，他还利用矿灯向周围发出信号，希望引起救援人员的注意。经过一段时间的艰难跋涉，小李终于找到了一个安全的地方。他在那里等待救援，同时继续发出求救信号。最终，救援人员通过小李发出的信号找到了他，成功将他救出。

第七节　煤矿淤泥、黏土、矿渣、流砂溃决事故自救与互救

一、事故征兆识别和事故特征

突水溃沙灾害是指井下采掘时水沙混合体溃入工作区域的矿井地质灾害。可直接造成泥沙淤塞大量巷道和工作面，造成机械设备被掩埋、通风系统被破坏等，严重时甚至会造成人员伤亡。

1.矿井溃决事故的征兆

1）采掘面变化

煤壁片帮。在煤矿采掘面工作时，如果发现煤壁突然出现片帮现象，即煤壁的部分煤体脱落，这可能是由于周围岩层压力变化导致，有可能是黏土即将溃决的前兆。

顶板下沉。顶板下沉速度加快或者下沉量增大，表明顶板所承受的压力异常，可能是上方黏土层不稳定的信号。

2）气体异常

瓦斯涌出异常。瓦斯涌出量突然增大或忽大忽小，可能是因为黏土溃决破坏了原有岩层结构，导致瓦斯涌出通道发生变化。

空气湿度变化。可能会感觉到空气湿度明显增大，这可能是由于黏土中的水分被释放出来。

3）声响异常

闷雷声或嗡嗡声。在煤矿中听到闷雷声、嗡嗡声等异常声响，可能是黏土层内部发生位移或破裂产生的声音。

4）水流变化

涌水量增加。如果煤矿中的涌水量突然增大，可能是黏土溃决导

致地下水通道改变，使更多的水涌入矿井。

2.矿井溃决事故的特征

1）突发性

这类事故往往发生得非常突然，可能在瞬间就冲破各种防护设施，涌入矿井作业区域。在一些地质条件复杂的矿区，由于采掘活动破坏了地层的稳定性，导致原本处于相对稳定状态的淤泥、黏土、矿渣或流砂突然发生溃决，让井下作业人员措手不及。

2）破坏性大

（1）对人员的危害。大量的淤泥、黏土、矿渣或流砂瞬间涌入，可能会掩埋井下作业人员，造成人员伤亡。被掩埋的人员可能会因窒息、挤压等原因失去生命。高速流动的物质还可能冲击作业人员，导致骨折、撞伤等伤害。

（2）对设备的破坏。涌入的物质会损坏井下的各种设备，如采掘设备、运输设备、通风设备等。这些设备可能被掩埋、撞击变形或损坏，造成巨大的经济损失。设备的损坏还可能影响矿井的通风、排水等系统，井下的环境也可能因为事故而变得复杂和危险，如通风不良、有毒有害气体积聚等。

3）影响范围广

井下作业区域事故一旦发生，会迅速蔓延到附近的作业区域。不仅会影响正在进行采掘作业的区域，还可能波及运输通道、通风巷道等，使得整个矿井的生产活动被迫中断，影响煤矿的正常生产秩序。

在一些情况下，溃决的物质可能会通过井口涌出到地表，对地表环境造成破坏。例如，可能会破坏周边的道路、农田、建筑物等，影响周边居民的生活和生产。

二、自救互救的一般要求和方法

（1）坚持以人为本，预防为主，实行统一指挥，分级负责、上级为主，企业自救与社会救援相结合的原则，竭尽全力迅速抢救受伤人员和解救被困人员。

（2）现场人员在可能的情况下迅速避开溃决口（处），现场班组长及时疏散灾区人员，引导涉险职工脱离险境，以防发生意外伤害。

（3）来不及转移的人员要立即抓牢棚梁、支架或其他固定物体。

（4）遇险人员要尽快设法脱离险境，如果找不到脱离险境的通道，尽量保存体力，用石块敲击能发出声响的物体，向外发出呼救信号，不要哭喊、急躁和盲目行动，这样会大量消耗精力和体力，尽可能控制自己的情绪或闭目休息，等待救援人员到来。如果受伤，要想法包扎，避免流血过多。

三、重点部位（或重点环节、重点时段）的自救互救

1.及时报告灾情

发生煤矿淤泥、黏土、矿渣等该类灾害事故后，事故地点附近的人员应尽量了解和判断事故的确切性质、地点和危害程度，并迅速利用最近处的电话或其他方式向矿调度室汇报，迅速向事故可能波及的区域发出警报，使其他工作人员尽快了解灾情。

2.积极自救互救

灾害事故发生后，处于灾区内以及受威胁区域的人员应沉着冷静。根据灾情具体情况和现场条件，在保证自身安全的前提下采取积极有效的方法和措施及时进行现场抢救，将事故消灭在初期阶段或控制在最小范围，最大限度地减少事故造成的损失。

（1）确保自身安全的情况下，应积极救助其他遇险人员，利用周边设施设备，清除透入井巷中的淤泥、黏土和流砂，加强有毒有害气体检测，条件允许时应首先恢复通风。

（2）溃出的淤泥、黏土和流砂使遇险矿工被困时，在抢救时应首

先确定遇险人员所处的位置，并尽快清通淤堵区，向被困人员输送新鲜空气、食物和饮料等生活必需品。

（3）当泥沙有溃入下部水平的危险时，应将下部水平人员撤到安全地点处。

（4）在淤泥已停止流淌，查找和救助人员时，应在淤泥上铺设木板行进。

（5）在拆除阻挡淤泥的堵塞物时，可在其中开一些小孔，供淤泥渐渐流放之用。假如堵塞物内的淤泥带具有压力，则应在防护墙的掩护下拆除堵塞物。

（6）遇险人员撤离后，应将处于淤堵地点四周人员快速绕过灾区进入安全地带，禁止逆着淤泥扩散的方向撤离。

3.安全撤离

（1）当受灾现场不具备事故抢救条件，或可能危及救援人员安全时，应由现场负责人或有经验的老工人带领，根据矿井灾害事故应急预案中规定的撤退路线或根据当时的实际情况，要选择安全条件最好、距离最短的路线。

（2）行进中应靠近巷道一侧，抓牢支架或其他固定物体，尽量避开压力溃决和泄洪流，并注意防止被水中滚动的矸石和木料撞伤，迅速撤离危险区域。

（3）撤退中，如因冒顶或溃决物造成巷道堵塞，可寻找其他安全通道撤出。在唯一的出口被封堵无法撤退时，应在现场管理人员或有经验的老工人的带领下进行灾区避险，以等待救援人员的营救，严禁盲目潜水等冒险行为。在撤退沿途和所经过的巷道交叉口，应留设指示行进方向的明显标志，以提示救援人员注意。

（4）人员撤退到立井须从梯子间上去时，应遵守秩序，禁止慌乱和争抢。行动中手要抓牢，脚要蹬稳，切实注意自己和他人的安全。

4. 妥善避灾

（1）如果无法撤退到安全地点，如通路被冒顶阻塞、在自救器有效工作时间内不能到达安全地点，应迅速进入固定避难硐室或临时避难硐室，妥善避灾，等待矿山救援队的援救，切忌盲目行动。

（2）必要时，可设置挡墙或防护板，阻止涌水、煤矸和有害气体的侵入。

（3）进入避难硐室前，应在硐室外留设文字、衣物、矿灯等明显标志，以便于救援人员及时发现进行营救。

（4）应节约使用矿灯，合理安排随身携带的食物，保持安静，尽量避免不必要的体力消耗和氧气消耗，采用各种方法与外部联系。避难人员较多时，硐室内可留一盏矿灯照明，其余矿灯应关闭备用。

（5）被困期间断绝食物后，尽量少饮或不饮不洁净的水。需要饮用井下水时，应选择适宜的水源，并用纱布或衣服过滤，以免造成身体损伤。

（6）长时间避难后，救援人员来到时，应避免过度兴奋和慌乱。得救时，不可吃硬质和过量的食物，要避开强烈的光线，以防发生意外，造成不良后果。

（7）如果人员被困地点有压风管路，应打开压风管路闸阀，给被困人员输送新鲜空气。

四、案例

2013年8月13日20时39分，某矿发生黏土溃决事故。当班工作人员小赵正在井下作业。突然，他听到了一阵异常的轰鸣声，紧接着就感觉到地面在微微颤抖。小赵马上意识到可能发生了煤矿黏土溃决事故。小赵迅速冷静下来，他首先观察了周围的环境。他发现不远处有一个较为坚固的硐室，于是赶紧朝着硐室跑去。进入硐室后，小赵迅速用一些可以找到的物品堵住了硐室的入口，以防止黏土和水流涌入。接着，小赵检查了自己身上携带的物品。他庆幸自己带着一瓶水和一些干粮，这在等待救援的过程中可能会起到关键作用。他还找到了一个打火机和一些废旧的布料，以备不时之需。在硐室里，小赵尽量保持安静，以节省体力和氧气。他仔细倾听外面的动静，试图判断事故的发展情况。过了一段时间，小赵听到了一些微弱的声音，他判断可能是救援人员正在靠近。于是，他拿出打火机，点燃了一块布料，制造出烟雾信号，希望能引起救援人员的注意。最终，救援人员发现了小赵发出的信号，成功地将他救出。小赵的冷静和机智为他在煤矿黏土溃决事故中赢得了生存的机会。

第八节　炮烟中毒窒息、炸药爆炸和矸石山事故的自救与互救

一、炮烟中毒窒息、炸药爆炸和矸石山事故征兆识别和事故特征

1.炮烟中毒窒息、炸药爆炸和矸石山事故征兆

1）炮烟中毒窒息事故征兆

（1）气味异常。闻到刺鼻的火药味、硫黄味等特殊气味。在炮烟产生后，其中含有的炸药分解产物如氮氧化物（如一氧化氮、二氧化氮）、硫化物等，会散发特殊气味，这是较为直观的早期征兆。

（2）视觉异常。看到烟雾弥漫。煤矿爆破后，如果通风不畅，炮烟会在巷道内聚集，形成可见的烟雾，其颜色可能根据炸药种类和成分有所不同，一般呈现灰白色或淡黄色。

（3）身体不适。中毒者会感到胸闷、四肢无力、呼吸困难，以及出现头痛、心悸、耳鸣、心跳加快等症状。

（4）眼部刺激。流泪、眼痛、视物模糊，表明眼睛受到有毒气体的刺激。

（5）呼吸道症状。流鼻涕、剧烈咳嗽、声音嘶哑、咳痰，这些都是呼吸道受到损害的表现。

2）炸药爆炸事故征兆

（1）异常声响。在炸药即将爆炸前，可能会听到异常的声响，如微弱但持续增强的“嗞嗞”声或“吱吱”声，这是炸药内部化学反应加速的表现。

（2）温度升高。炸药在爆炸前，由于内部化学反应的加剧，会释放出大量的热量，导致周围环境的温度逐渐升高。

（3）烟雾或气体。在某些情况下，炸药爆炸前可能会释放出烟雾或有毒气体，这是炸药分解产生的。

（4）设备异常。如果炸药被用于某种设备或装置中，如炸药包、雷管等，那么设备本身的异常（如电线短路、雷管松动等）也可能是炸药即将爆炸的征兆。

3）矸石山事故征兆

（1）矸石山体大裂纹。矸石山体出现大裂纹意味着山体的稳定性受到了影响。

（2）矸石山燃烧冒烟。矸石山自燃会产生烟雾。

（3）矸石山冒落岩石。矸石山的岩石冒落表明山体的结构已经不稳定。

（4）矸石山体位移。矸石山体的位移，包括裂隙和位移，是事故发生的前兆之一。

（5）矸石山自燃面积扩大。自燃面积的逐渐扩大，伴随烟尘浓烈和温度升高。

（6）有毒有害气体溢出。矸石山自燃会产生有毒有害气体。

（7）声音异常。有时能听到闷炮声或岩石移动的声音，是山体内部应力变化的表现。

2. 炮烟中毒窒息、炸药爆炸和矸石山事故特征

1）炮烟中毒窒息事故特征

（1）突发性。炮烟中毒窒息事故往往发生突然，特别是在爆破作业后，炮烟未充分排出的情况下。

（2）高毒性。炮烟中含有大量的一氧化碳、氮氧化物等有毒气体，这些气体对人体有极高的毒性，能够迅速导致中毒和窒息。

（3）群体性。由于煤矿作业通常是在相对密闭的环境中进行，一旦发生炮烟中毒事故，往往会涉及多个作业人员，造成群体性伤害。

2）炸药爆炸事故特征

（1）瞬间性。炸药爆炸具有极高的速度，通常在极短的时间内完成，产生巨大的破坏力。

（2）高温高压。炸药爆炸时会产生极高的温度和压力，这些高温高压气体迅速膨胀并对周围介质做功，造成破坏。

（3）冲击波和声响。炸药爆炸会产生强大的冲击波和巨大的声响，这些冲击波和声响能够传播到较远的距离，并对周围环境和人员造成伤害。

（4）火光烟雾。炸药爆炸时会产生火光和烟雾，火光是由于炸药爆炸时放出的热量形成的，而烟雾则是由于炸药爆炸过程中产生的大量气体和固体颗粒形成的。

（5）生成气体产物。炸药爆炸时会生成大量的气体产物，这些气体产物在爆炸瞬间急剧膨胀，对周围介质造成破坏。

3）矸石山事故特征

（1）事故类型多样。矸石山事故可能表现为崩塌、滑坡、大矸石流放、自燃及爆炸等多种形式。

（2）危害严重。这些事故不仅会造成人员伤亡和财产损失，还可能对周边环境造成污染。

（3）季节性明显。矸石山事故多发生在夏季由于高温、暴雨等因素，容易导致山体滑坡、自燃等事故的发生。

二、自救互救的一般要求和方法

（1）迅速识别危险，当在煤矿井下作业时，如感受到突然出现的头晕、头疼、恶心、无力等症状，应立即意识到可能发生了炮烟中毒窒息事故。

（2）立即采取防护措施，迅速佩用自救器，确保呼吸道不受有毒气体的侵害。自救器是矿工下井时必须随身携带的防护装备，关键时刻能救命。

（3）迅速撤离危险区域，在佩用好自救器后，应尽快沿着预定的避灾路线撤离到安全地点。撤离过程中要保持冷静，避免惊慌失措导致跌倒或迷失方向。

（4）及时报告和求救，到达安全地点后，应立即向矿调度室报告事故情况，并请求救援。同时，保持与救援人员的联系，提供准确的事故信息和自身状况。

（5）迅速反应，在爆炸发生当下，不要慌乱，第一反应是迅速趴下或寻找掩体，保护好头部和重要器官，以最大程度减少冲击波的伤害。

（6）保护呼吸道，佩用好自救器。

（7）评估环境，在确保自身安全的前提下，观察周围环境，寻找安全的撤离路线。

（8）保持冷静，在整个自救过程中，恐慌只会让人失去理智，而冷静的判断和行动才能帮助人更好地应对危机。

三、重点部位（或重点环节、重点时段）的自救互救

1.炮烟中毒窒息事故自救互救措施

1）掘进工作面炮烟中毒窒息事故自救互救措施

尽快判断风向，朝着新鲜风流的方向迅速撤离危险区域。如果无法确定风向，可以顺着巷道壁摸索前进，因为风流总是从压力高的地方流向压力低的地方。如果身边有自救器，应立即佩用。如果无法及时撤离到安全区域，可以寻找附近的避难硐室。避难硐室内通常有充足的氧气、食物和水，可以提供暂时的庇护。

发现有人中毒窒息后，要准确判断其中毒程度和窒息情况，以便采取正确的救援措施。如果中毒者呼吸微弱或停止，应立即进行人工呼吸；如果中毒者心跳停止，应立即进行心肺复苏。在进行救援前，救援人员要做好自身防护，佩用好自救器和防护用品，以免自身发生中毒窒息。将中毒者迅速转移到新鲜风流的安全区域。在转移过程中，要注意保持中毒者的呼吸道通畅，避免压迫其胸部和腹部。对中毒者进行急救，如进行人工呼吸、心肺复苏、吸氧等。如果中毒者有外伤，要及时进行包扎和止血。及时向矿领导和调度室报告事故情况，请求救援。在等待救援的过程中，要密切观察中毒者的病情变化，随时采取相应的急救措施。

2）采煤工作面炮烟中毒窒息事故自救互救措施

在采煤工作面，如出现头晕、头疼、恶心、无力等症状，必须立即憋住气，迅速逆风跑出危险区。尽快佩用好自救器和报警，尽快向通风良好的安全地点转移，如井口、通风巷道等。在撤离过程中，保持低姿势行走，避免吸入更多的有毒气体。发现有人中毒窒息时，应立即向矿调度室或相关应急指挥机构报告。救援人员进入危险区域前，使用便携式气体检测报警仪进行检测，确认安全后再进入。发现中毒

者后，迅速将其转移至通风良好的安全地点。在转移过程中，保持中毒者的呼吸道畅通，如有呕吐物应及时清除。对中毒者进行初步检查，包括心跳、呼吸、瞳孔等生命体征。如中毒者呼吸、心跳停止，应立即进行心肺复苏术。注意保暖，用棉被或毯子将中毒者身体盖起来，有条件时可在身边放置热水袋。对中毒者进行持续监测，观察其生命体征和症状变化。如中毒者症状严重或无法缓解，应及时送往医院进一步治疗。在事故处理完毕后，应对现场进行通风、洒水等清理措施，排除险情，并防止二次事故的发生。

2. 炸药库炸药爆炸事故自救互救措施

在炸药爆炸发生时，自救互救的关键在于迅速、冷静地采取行动，以减少伤害并帮助他人。在爆炸发生时，应立即卧倒，护住头部和重要部位，以减少爆炸冲击波和碎片的伤害。有能力的人员应协助抢救伤员，进行止血、包扎等基本医疗处理。搬运伤员时要注意保持伤者脊柱和头部的稳定，避免造成二次伤害。如果因爆炸导致烧伤，应迅速脱去燃烧的衣服，用最近的水源冷却烧伤部位，或用不易燃烧的物品覆盖火焰。在混乱中保持冷静，帮助他人的同时也要注意自身的安全。避免好奇围观或返回爆炸现场，以防发生新的危险情况。

3. 矸石山事故自救互救措施

（1）矸石山爆炸事故自救互救措施。在矸石山爆炸事故发生时，首先应立即启动应急预案，组织人员快速撤离危险区域。撤离时要保持冷静，按照预定的撤离路线和程序进行。在撤离过程中，应佩用好个人防护装备，如防尘口罩、安全帽、防护服等，以减少伤害。在确保自身安全的前提下，可以对受伤人员进行互救。互救时应遵循先救易、后救难，先救重、后救轻的原则。撤离到安全区域后，应立即报警并向上级或相关部门求助，报告事故情况，请求专业救援。对于受伤人员，应进行简单的现场急救处理，如止血、包扎、固定等，以稳定伤情，等待专业救援人员的到来。确保通信设备畅通，以便及时接收和传递救援信息，协调救援行动。

（2）矸石山垮塌事故自救互救措施。在矸石山垮塌事故发生时，首先要保持冷静，迅速判断自己所处位置的安全性。如果身处危险区域，应立即向安全地带撤离。如果被垮塌的矸石掩埋，应尽可能保持呼吸通畅，避免吸入大量灰尘。同时，尝试寻找身边的支撑物，以防止进一步下陷。利用身边的通信工具，如手机等，尽快与外界取得联系，报告自己的位置和状况，以便救援人员及时定位施救。在确保自身安全的前提下，应尽快展开对被困人员的搜救工作。可以利用铁锹、铲子等工具挖掘被掩埋的人员。搜救过程中，要时刻注意周围的安全状况，防止二次垮塌等事故的发生。同时，保持与被困人员的沟通，安抚其情绪，鼓励其保持信心。如果搜救力量不足，应立即向有关部门请求支援，如拨打当地的紧急救援电话等。在救援人员到达之前，可以组织现场人员进行简单的自救互救培训，提高救援效率。

（3）矸石山火灾事故自救互救措施。矸石山工作人员应密切观察火情，一旦发现火灾迹象，如冒烟、异味等，应立即向调度室或相关负责人报告，确保信息及时传递。在火势较小且可控的情况下，工作人员可尝试利用现场的灭火器材或水源进行初步灭火。若火势较大，则应立即撤离并等待专业救援。遵循现场安全指示和撤离路线，迅速撤离到安全区域。在撤离过程中，要注意避开火源和浓烟，保持呼吸通畅。接到火灾报告后，矿方应立即启动应急救援预案，组织专业的矿山救护队和医疗救护队前往现场进行救援。设立救援基地：在灾区附近选择安全地点设立救援基地，配备必要的装备和救护器材。救援基地应与指挥部保持紧密联系，及时汇报救援进展。救护队应首先探明火区地点、范围和发火原因，然后根据火灾性质选择合适的灭火方法，如挖掘熄灭法、表面覆盖法等。同时，要全力搜救被困人员，确保人员安全。在灭火过程中，要注意防止山体崩塌等次生灾害的发生。一旦发生次生灾害，应立即组织人员撤离，并采取相应的应对措施。

四、案例

［案例一］2005年6月17日上午9时30分，某矿山工程有限公司员工刘某和王某，二人到狮山段十三中段820 m水平2号沿脉及181号穿脉掘进迎头完成当班炮响后的出渣工作，任务是用电耙清除181号穿脉夜班爆破后的矿渣。刘某走在前，王某走在后，两人沿2号沿脉向181号穿脉掘进迎头走去，刘某走在前，未开局部通风机进行通风及现场安全确认工作，直接进入到掘进迎头查看夜班爆破崩下的矿渣，因感到头晕，便急转回头往外走去，走到与181号穿脉交汇口处，见王某已走到此，便向王某讲：迎头尚有炮烟，不能进入工作面去出渣，先进行通风后再进入工作面，讲完后刘某便向进风口走去，刘某到达后，转身未发现王某跟出，随后又折返回去找王某，只见王某平身仰躺在地上，已发生炮烟中毒，不省人事，后经医院实施抢救，但终因炮烟中毒较重抢救无效死亡。这起事故中，王某缺乏自救互救意识，在明知有危险的情况下仍然冒险蛮干，最终葬送了宝贵的生命。

［案例二］2010年7月4日八点班，山西省某矿运搬队安排人员在旧矸石山进行洒水作业。一名工人因有害气体中毒后窒息晕倒，其他工人在未采取安全防护措施的情况下盲目进行抢救，又有两人窒息晕倒，最终造成3人死亡。该起事故体现了后续人员安全自保意识差，未采取有效保护措施盲目施救，导致了伤亡扩大。

第九节　露天矿坍塌、排土场滑坡和尾矿库溃坝事故的自救与互救

一、事故征兆识别和事故特征

1. 露天矿坍塌、排土场滑坡和尾矿库溃坝事故征兆

（1）露天采场和内排土场坍塌在临滑之前，地下水位突然大幅度上升或下降。堵塞多年的泉水有复活现象，或者出现泉水突然干枯，井水位突变等类似的异常现象。

（2）滑坡体前缘坡脚处，土体出现上隆现象，这是滑坡明显地向前推挤现象。有岩石开裂或被剪切挤压的音响，后缘出现张性裂缝。

（3）在临滑之前，在滑坡体中、前部出现横向及纵向放射状裂缝，它反映了滑坡体向前推挤并受到阻碍，已进入临滑状态。

（4）滑坡体四周岩体会出现小型崩塌和松弛现象。滑坡后缘的裂缝急剧扩展，并从裂缝中冒出热气或冷风。

（5）在临滑之前，位移监测数据曲线会出现加速变化的趋势。

（6）采场坍塌岩体发出开裂或被剪切挤压声响、出现较大面积滚石滑落等滑坡征兆。

（7）在滑坡之前，滑体周围动物和生物出现异常状态。

2. 露天矿坍塌、排土场滑坡和尾矿库溃坝事故特征

（1）突发性和瞬时性。滑坡往往在短时间内突然发生，给人们的反应和救援带来极大困难。

（2）巨大破坏性。一旦发生滑坡，可能会导致大量的矿石、土壤和岩石瞬间崩塌，对人员、设备和环境造成毁灭性的损害。

（3）地质因素影响。滑坡的发生与地质条件密切相关，如岩体结

构、岩性、地质构造等因素都会影响坍塌的稳定性。

（4）人为因素影响。包括开采方式、坍塌设计、维护不当、超挖坡脚、在坍塌上部堆置废石和设备等，都可能导致坍塌稳定性下降。

（5）环境因素影响。降雨、地震、爆破震动等自然因素也可能诱发坍塌滑坡。

（6）滑坡类型多样。常见的滑坡类型包括平面滑坡、楔体滑坡、圆弧滑坡、倾倒滑坡和复合滑坡等。

（7）滑坡后果严重。不仅会造成人员伤亡和财产损失，还可能导致环境污染和生态破坏。

二、自救互救的一般要求和方法

（1）在正确识别滑坡前兆过程中，保持沉着冷静，迅速判断出正确的逃生方向，注意保护好身体重要部分，向滑坡方向的两侧逃离。

（2）在高速滑坡时，切忌慌乱，露天矿滑坡呈整体滑动时，可原地不动或迅速抱住身边的固定物体。

（3）露天矿发生滑坡时，极易造成人员受伤或被掩埋，及时报告调度，通知专业队伍开展抢险救援工作。

（4）禁止将避灾场地选择在露天矿滑坡的周围，要听从统一安排，不要自择逃生路线。

（5）滑坡后，避免发生滑坡二次遇险，在滑坡警报未解除前，严禁返回滑坡区域。

三、重点部位（或重点环节、重点时段）的自救互救

1.露天矿坍塌事故的自救互救措施

在露天矿坍塌事故中，自救互救的核心措施包括及时报告灾情、积极抢救、安全撤离和妥善避灾。这些措施旨在减少人员伤亡和损失，

确保现场人员的安全。首先，及时报告灾情是自救互救的第一步。事故发生后，现场作业人员应尽量了解和判断事故性质、地点和灾害程度，迅速利用最近处的电话或其他方式向矿调度室汇报，并向事故可能波及的区域发出警报，使其他工作人员尽快了解灾情。其次，积极抢救是在保证自身安全的前提下，采取积极有效的措施，将事故消灭在初始阶段或控制在最小范围内。这包括利用现场条件，采取适当的措施和方法，及时投入现场抢救，最大限度地减少事故造成的损失。然后，安全撤离是当灾区不具备事故抢险的条件，或者抢救事故时可能危及营救人员自身安全时，应迅速撤离现场，躲避到安全地点或撤到井上。撤离时应选择安全的避灾路线，尽量选择安全条件好、距离短的路线。最后，妥善避灾是在无法撤退到安全地点时，应迅速进入预先构筑的避难硐室或其他安全地点躲避，等待救援。这包括利用现场的设施和材料构筑临时避难硐室，努力维持和改善自身生存条件。

2.排土场滑坡事故的自救互救措施

事故发生时，首先要保持冷静，不能慌乱。慌乱不仅浪费时间，而且可能导致做出错误的决定。迅速观察周围环境，判断滑坡的方向、速度和可能影响的范围，以便做出正确的应对。向滑坡方向的两侧逃离，尽量避免与滑坡体直接接触。尽快在周围寻找安全地带，如稳定的高地或结实的建筑物内。注意避开可能受到滑坡影响的区域，如低洼地、河道等。当无法继续逃离时，应迅速抱住身边的树木或其他固定物体，以防止被滑坡体冲走。可躲避在结实的障碍物下。注意保护好头部，可利用身边的衣物裹住头部以防受伤。在确保自身安全的前提下，尽快向外界发出求救信号，如使用手机拨打救援电话、敲击金属物品发出声响等。

等待救援时，尽量保持体力，不要过度消耗。同时，注意观察周围环境的变化，以便及时调整自救策略。此外，在排土场滑坡事故发生后，相关部门和人员也应及时采取救援措施，如组织专业救援队伍进行搜救、提供医疗救治等。同时，还应加强排土场的安全管理，采取有效的防治措施，以减少类似事故的发生。

3.尾矿库溃坝事故的自救互救措施

一旦察觉到尾矿库溃坝的迹象或听到相关警报，应立即停止当前活动，迅速评估周围环境。根据事先了解的应急疏散图或撤离指示，选择最近的、安全的撤离路线，避免使用可能被洪水淹没或滑坡影响的道路。在撤离过程中，尽量向地势较高的地方转移，如山坡、高地等，避免在低洼地带或河流附近停留。如果可能，使用紧急通信工具（如卫星电话、对讲机等）与救援机构取得联系，报告自己的位置和情况。穿戴好防护装备，如安全帽、防护服、手套等，以减少身体受伤的风险。在寒冷或潮湿的环境中，要注意保暖，避免体温过低导致失温。在撤离到安全地带后，要保持冷静，不要盲目行动或返回危险区域。如果被困或无法自行撤离，要尽快发出求救信号，如使用手电筒、烟雾信号等吸引救援人员的注意。当救援人员到达时，要积极配合他们的救援行动，按照指示行动，不要擅自行动或拒绝救援。

四、案例

［案例一］2023年2月22日，内蒙古某公司露天煤矿发生特别重大坍塌事故，造成53人遇难、6人受伤，直接经济损失20430.25万元。2月19日、20日西区坍塌已发现有落石、伞檐等险情，现场人员缺乏自救互救意识，不做处置继续作业。事发当日，发现事故征兆后没有及时有效组织现场作业人员逃生，造成重大人员伤亡和财产损失。

［案例二］2018年6月24日20时30分左右，山西省某公司刁窝采区发生一起坍塌滑坡事故，造成2人死亡。事故发生前已发现事发地

段有沙土碎石滑落，但施工方和刁窝采区管理方均没有对此现象引起重视。现场代办人员缺乏自救互救意识，在隐患未排除的情况下继续安排在该地段进行采剥作业，导致事故发生后无法及时撤离，造成人员伤亡。

参考文献

[1] 中华人民共和国应急管理部，国家矿山安全监察局．煤矿安全规程［M］．北京：应急管理出版社，2022.

[2] 国家矿山安全监察局．GB 24502—2023煤矿用自救器［S］．北京：中国标准出版社，2024.

[3] 曾凡付．矿山救护呼吸保护装备［M］．2版．北京：煤炭工业出版社，2018.

[4] 孙继平，等．煤矿井下安全避险“六大系统”建设指南［M］．1版.北京：煤炭工业出版社．2012.

[5] 赵青云．矿山应急救援实用技术［M］．北京：煤炭工业出版社，2015.

[6] 国家安全生产应急救援指挥中心．矿山事故应急救援典型案例及处置要点［M］．北京：煤炭工业出版社，2018.

[7] 田卫东．矿山救护［M］．2版．重庆：大学出版社，2023.

[8] 马伟英．煤矿事故自救互救与避灾方法探讨［J］．能源技术与管理，2020（2）：137-139.

[9] 国家矿山救援中心．“1·12”冲击地压事故救援分析［J］．劳动保护，2013（4）：108-109.

[10] 马小娟．关于煤矿现场创伤急救的研究［J］．内蒙古煤炭经济，2021（16）．

[11] 陈雄．矿山事故应急救援［M］．重庆：重庆大学出版社，2016.

[12] 丁香英．煤矿安全培训自救互救与创收急救教学实践与探讨［J］．黑龙江科技信息，2012（15）．

[13] 刘远林，王孟雨，冯禹凡．渝南煤矿地下转露天采场边坡角优化研究［J］．露天采矿技术，2023（5）．

[14] 张泽龙．某露天煤矿首采区西帮复合边坡稳定性研究［J］．内蒙古煤炭经济，2023（23）．

[15] 李坤，李元浩，李营作．东明露天煤矿东帮边坡稳定性分析［J］．露天采矿技术，2023，38（3）：67-69.

[16] 苏渊泓，曲城逸．软弱基底内排土场边坡稳定性控制研究［J］．内蒙古煤炭经济，2023（18）．

[17] 刘献真，邱丹丹，李丽. 露天矿山排土场边坡稳定性分析［J］. 绿色科技，2022，24（18）：262-265.

[18] 王昆，杨鹏，Karen Hudson-Edwards，等. 尾矿库溃坝灾害防控现状及发展［J］. 工程科学学报，2018（5）：13-26.

[19] 苏利军，卢文波. 地下巷道钻爆开挖过程中炮烟扩散及通风［J］. 爆破，2000（1）：5-10.

[20] 徐家俊，夏方顺，梁俊奇. 专用行人巷掘进爆破炮烟扩散规律研究［J］. 煤炭与化工，2020（8）：125-128.

[21] 何骞，肖旸，杨蒙，等. 矸石山自燃防治技术及综合治理模式发展趋势［J］. 煤矿安全，2020（8）.

[22] 杨娜，张永波，牛金荣. 荫营煤矿自燃矸石山温度场分布及深部温度拟合［J］. 矿业安全与环保，2021，48（4）：23-27.

[23] 夏清，胡振琪，许立江，等. 远距离煤矸石山温度场探测及因素分析［J］. 矿业研究与开发，2014，34（7）：82-84，95.